2019
국가
생존
기술

국가생존기술연구회 **16인의 연구자** 지음

2019
국가
생존
기술

대한민국 물·불·공기·흙의 위기 진단

이음

2019
국가
생존
기술

처음 펴낸날 2019. 4. 30

지은이 국가생존기술연구회 16인의 연구자

펴낸이 주일우   **펴낸곳** 이음   **등록번호** 제2005-000137호   **등록일자** 2005년 6월 27일

주소 서울시 마포구 월드컵북로 1길 52   **전화** 02-3141-6126   **팩스** 02-6455-4207

전자우편 editor@eumbooks.com   **홈페이지** www.eumbooks.com

ISBN 978-89-93166-90-3 93400   **값** 18,000원

** 이 도서의 국립중앙도서관 출판예정도서목록(CIP)은 서지정보유통지원시스템 홈페이지
(http://seoji.nl.go.kr)와 국가자료종합목록시스템(http://www.nl.go.kr/kolisnet)에서
이용하실 수 있습니다(CIP제어번호 : CIP2019015440).

머리말
과학기술이 국가 생존을 결정한다

-

이일수 국가생존기술연구회 회장

　오래전 서양 사회는 물·불·공기·흙을 4원소로 꼽았다. 동양의 오행설 역시 쇠[金]·나무[木]·불[火]·흙[土]과 더불어 물[水]을 우주 만물을 구성하는 5원소로 보았다. 석가모니가 언급한 사람의 육신이나 일체 만물을 구성하는 네 가지 기본 요소는 사대(四大)라고 한다. 이에 불교에서는 우주 만물은 지·수·화·풍의 이합집산으로 생겨나기도 하고 없어지기도 한다고 했다. 다소 추상적이긴 하지만 국가의 기본 요소도 다르지 않다고 생각하여 국가 생존의 근본적인 요소를 '물·불·공기·흙'으로 구분해보았다.

　우리는 고도화된 과학기술에 의해 형성된 새로운 경제·사회·문화 속에서 과거에는 경험하지 못한 세상을 살아가고 있다. 비약적으로 발전한 정보통신 기술에 의해 우리는 한국의 땅을 떠나지 않고 지구 반대쪽 끝자락에 살고 있는 사람과 의견을 나누고, 스마트폰 하나로 집 안에 있는 모든 가전제품을 제어할 수 있는 세상에 살고 있는 것이다. 특히나 자율주행 차가 개발되면서 차를 직접 운전하지 않아도 되니 이 얼마나 놀라운 일인가.

나 또한 편리하고 놀라운 과학기술들의 혜택을 누리고 있지만, 가끔 이 고도화된 과학기술들이 무섭게 느껴질 때가 있다. 과학기술의 발전은 우리에게 삶의 질을 향상시켜줌과 동시에 환경과 인간의 건강을 위협하기 시작했기 때문이다. 나만 이러한 생각을 하는 것은 아닌 듯하다. 악화되는 기후를 되돌리기 위한 '친환경' 운동과 위협받는 건강을 지켜낼 '생명'에 대한 관심은 날로 증가하고 있으며, 앞으로 다가올 '5차 산업혁명'은 바이오가 주도할 것으로 보고 있기 때문이다. '경제협력개발기구'(OECD) 또한 "2030년에는 바이오 경제 시대가 도래할 것"이라고 밝히며 이 같은 전망에 힘을 더하고 있다.

이제까지 사회적 관심도가 낮았던 '인간 생존' 중심의 과학기술 개발의 필요성이 대두되고 있는 만큼 물, 식량, 에너지, 자원, 국방과 안보, 인구와 질병, 재해 대응과 안전 등 7대 분야의 과학기술의 발전을 모색하고 좀 더 적극적으로 우리 사회를 주목할 때이다.

과학이 독단적이라는 말을 들어본 적 있는가? 지난 50년 동안 완전히 뒤바뀌지 않은 과학 분야는 존재하지 않는다. 이 세상을 과학이 채우고 있는 것은 과학이 새로운 생각을 용납하고 유연하게 대처하며 무한히 개방적이기 때문이다. 진리와 민주적 방법보다 더 중요한 것은 없다는 과학의 믿음, 그것이 과학의 힘이었다.

1978년에 제이콥 브로노우스키(Jacob Bronowski)가 자신의 저서 『과학과 인간의 미래』에서 한 말이다. 과학은 목적 달성을 위한 수단이 아니라 이 세계에 대한 합리적 사유를 통해 발전해왔기에 대한민국 헌법에 명시되어 있듯, "국가는 재해를 예방하고, 그 위험으로부터 국민을 보호해야 하며, 환경 보존을 위해 노력해야 한다"는 국가적 책무를 달성하려면 과학 연구자 개인의 수준이 아니라 종합적인 국가 시스템이 확립되어야 한다.

'과학기술이 국가 생존의 중심에 서야 한다.' 이 문장이 국가생존기술연구회가 생각하는 기본 취지이자 사회적 당위성이다. 세상이 바뀌고 있다. 모두가 바뀌고 있는 현실에서 좀 더 자세히 살펴보면 바뀌지 않는 것이 있다. 물질의 근본은 바뀌지 않는다는 것이 그것이다. 하지만 지금 대한민국은 보를 둘러싼 '물 싸움'에다, 흙과 공기, 그리고 불이라는 '4원소 대란'에 빠져 있다. 홍수와 가뭄을 조절할 4대강 보 철거, 전국적인 미세먼지와 초미세먼지, 북한의 핵 문제가 그것이다. 이에 국가생존기술연구회는 개인과 국가와 근원을 생각하고 지키고 생존 가능케 하는 연구회가 되고자 한다. 모든 것이 바뀌어도 지킬 것은 지키고 싶다.

Content

머리말 ▍ 과학기술이 국가 생존을 결정한다 이일수 **5**

PART 1 ▍ **물: 생명의 근원**

지구, 푸른 물의 탄생 염경택 **14**

하나의 물: 우리가 마시는 물, 버리는 물 김경민 **34**

가뭄과 함께하는 인류 문명 이주헌 **54**

녹조, 정말 해결책이 없나? 권형준 **71**

PART 2 ▍ **불: 문명과 재앙 사이**

한반도, 에너지의 하모니를 만들자 남승훈 **96**

소프트웨어 안전은 미래 국가 생존의 키워드 진회승 **109**

생활 방사선 위험을 극복하는 국가적 소통 전략 이채원 **123**

PART 3 | **공기: 숨 쉬는 지구**

깨끗한 공기는 더 이상 공짜가 아니다 공성용 **142**
"날씨가 변했어요!" 오재호 **154**
인간의 선택이 미래 기후를 좌우한다 이준이 **170**
우주에도 날씨가 있다 지건화 **181**

PART 4 | **흙: 인류 생존의 기반**

식량 생산기지 토양 김필주 **200**
광물 자원 공급원으로서의 대지 허철호 **219**
거주 공간 제공처로서의 토지 박지영 **236**
오염물 해결처로서의 토양 박현 **248**

PART
1.

물 :
생명의 근원

지구, 푸른 물의 탄생 염경택   14

하나의 물: 우리가 마시는 물, 버리는 물 김경민   34

가뭄과 함께하는 인류 문명 이주헌   54

녹조, 정말 해결책이 없나? 권형준   71

물은 모든 생명의 근원이다. 물은 강우나 강설 형태에서부터 생명을 시작해 지표와 지하에 스며들어 하천수와 지하수가 되면서 생활·공업·농업의 용도로 사용된다. 이외에도 메마른 땅도 물이 필요하며 생활주변 환경을 깨끗이 하기 위해서도 물이 필요하다. 사용된 물은 처리되어 하천에 되돌려진 후 결국 바다로 흘러가는 물 순환(Water Cycle) 과정을 거친다. 물은 바닷물이 대부분으로 양적으로는 매우 많지만 가용할 수 있는 양은 전체의 0.001%에 불과하다. 결국 용도에 맞게 적정한 처리를 하여 공급하고 또 사용한 물을 깨끗이 하천으로 돌려보내는 과정이 필요한데, 상·하수도 분야가 건전하지 못하면 하천은 오염으로 인해 먹을 물조차 얻기 어렵게 된다.

물로 인한 피해 중 홍수는 어느 정도 예방을 할 수 있고 국지적인 데 반해, 가뭄은 넓은 지역에 걸쳐 오랫동안 발생하여 식수나 농업용수 부족 등 모든 생물들의 생존을 위협하면서 하천 수질 악화 등 2차 수질 피해도 발생시키는 만큼 가뭄은 물 관리의 핵심적인 요소이다. 아울러, 해마다 반복되면서 오랫동안 물 관리의 난제로 여겨왔던 녹조현상 역시 물 순환이라는 측면에서 같이 다뤄야 할 이슈이다.

물은 우리 몸의 피와 같다. 핏줄이 막혀 순환이 안 되면 썩거나 불구가 된다. 지구상의 물도 하늘에서 땅으로 지하로 바다로 도시로 끊임없이 순환한다. 건전한 물 순환이 막히거나 잘못되면 푸른 지구와 지구에 사는 우리와 동식물들은 고통당한다. 우리 모두 건전한 물 순환을 이해할 때 물과 관련된 문제들이 해결될 수 있다.

인구의 증가와 인구의 도시 집중 현상으로 물을 확보하는 일이 더욱 어렵게 되었다. 사시사철 농사를 짓고 고기류를 많이 소비하는 현대식 생활 패턴은 과거보다 농업용수를 더 많이 필요하게 하였다. 의약품이나 화학물질 사용 증가로 인해 발생하는 수질오염도 과거와는 다른 양상이다. 현재 상황에 대한 인식이 부족한 상태에서 과거에 대한 환상적 문제 해결 방식은 문제를 더욱 어렵게 할 수 있다.

가뭄이나 녹조도 물과 관련하여 우리의 생존을 위협하는 중요한 문제이다. 다양한 원인과 처방이 연구되고 있지만 속 시원한 해답은 좀처럼 얻기 힘들다. 물 순환, 물 오염 방지, 홍수, 가뭄, 녹조 등 다양한 난제를 해결하기 위해서는 통합적 관점에서 다양한 정책과 관리 기술이 필요하다.

지구, 푸른 물의 탄생
염경택 성균관대학교 수자원전문대학원 교수

지구의 물의 기원

태양계는 태양과 태양의 중력에 이끌려 움직이는 천체가 이루는 체계로서 고체 행성인 수성, 금성, 지구, 화성과 유체 행성인 목성, 토성, 천왕성, 해왕성으로 이루어져 있다. 이 중 태양계에서 유일하게 물이 있고 생명체가 존재하는 행성은 아직은 지구뿐이다. 지구 표면의 7할이 넘는 물의 기원에 관해 현대 과학자들이 꾸준히 연구해온 결과 몇 가지 가설로 추측된다.

첫 번째 가설은 물은 지구 내부에서 자체적으로 발생되었다는 지구 내부의 기원설이다. 초기 지구에서 일어난 수억 년 이상 지속된 화산 활동을 통해, 지구 내부에 녹아 있는 상태(molten state)의 용암이 암석으로 굳어지는 과정에서 물 분자가 빠져나왔고 포화 상태의 수증기가 모여 비를 내림으로써 바다를 이루었다고 보는 주장이다. 두 번째 가설은 지구가 탄생했을 때 혜성 혹은 TNO(Trans-Neptunian Object: 태양계 가장 바깥쪽에 있는 해왕성보다 더 바깥 궤도에 있는 왜소행성들) 등 물을 많이 갖고 있던 소행성들이 끊임없이 지구에 충돌하여 지구에 바다가 생겨났다는 소행성 충돌설이다. 또 다른 학설은 태초의 지구가 오랫동안 메말라 있다는 학설에 반대되는 가설이다. 즉 2002년에 한 지질학자가 지구상에서 가장 오래된(44억 년 된) 광물의 결정을 발견하고는 화학적으로 분석해본 결과 그 광물이 메마른 지표가 아닌 액체 상태의 물에서 형성된 것임을 밝혔다. 따라서 그는 지구가 생성된 초기에 이미 물이 있었음을 주장했다.

지구의 물의 총량

지구 표면은 약 71%가 물로 덮여 있다. 지구상의 물의 총량은 약 1,360,000,000,000,000,000,000m³(13억 6천만km³)로 그중 97%인 해수가 대부분이고 빙하와 얼음이 2%를 차지한다. 단지 1%만이 호수, 강, 지하수 등의 담수와 대기 중의 수증기로 이루어져 있다. 이들 지구상의 물은 강수와 증발산의 반복적 순환 과정에 의해 형성된다. 따라서 지구상의 물의 총량이 일정불변하다면 지구상의 물은 강수량과 증발산이 서로 균형을 이뤄 존재한다고 볼 수 있다.

해수의 양은 3천 년 동안 해양에서 발생하는 증발량과 같은 규모이다. 3천 년이라는 기간은 해양 중의 물 분자가 평균 체류하는 시간으로 보아도 되며, 이것은 또 해수의 순환 속도로도 볼 수 있다. 육수(陸水)에는 하천수, 호소수, 토양수분(불포화대의 물), 지하수(천층, 심층), 빙하 등이 있다. 지하수는 지표면 밑을 흐르는 물이다. 지구 표면은 암석으로 이루어진 지각으로 덮여 있고, 식물이 자라는 지표면 바로 밑에는 암석을 관통하여 물이 흐르고 있다. 대부분의 지하수는 흙 속으로 스며든 비와 눈이 녹은 물이 모여서 형성된다. 물은 암석에 도달하면 암석 사이의 틈을 통해 중력이나 모세관 현상에 의해 지하로 흐른다. 지하수가 흐르는 속도는 지하의 환경에 따라 일정하지 않아서 하루 평균 1~2m가량 흐르는 곳도 있지만, 어떤 곳은 연평균 1~2m의 속도로 아주 천천히 흐르기도 한다.

바닷속의 물 순환

대기 중의 공기가 바람이 되어 끊임없이 움직이고 이동하듯이 바닷물도 자연법칙에 따라 바닷속 물길을 따라 지속적이고 일정하게 흐른다. 유체의 기본 성질에 따라, 해수는 온도가 낮아지거나 염분이 높아지면 밀도가 높아진다. 밀도가 높다는 것은 물의 구조가 온도에 따라 더 조밀해지거나 다른 물질이 들어가서 주변보다 더 무거워져 지구 중력 때문에 더 깊은 곳으로 가라앉는다. 물은 섭씨 4도일 때 가장 무겁다. 해수는 계절, 장소, 위도, 지형 등에 따라 밀도가 천차만별로 다르며, 이러한 밀도 차이는 해수가 외력이 없더라도 주변과의 무게 차이로 인해 자기 자리를 찾아 흐르게 된다. 극지방에서는 낮은 온도로 인해서 얼음이 형성될 때 염분은 얼지 않고 남아 있게 된다. 따라서 높은 염도로 인해 밀도가 상승하여 무거워진 심층 해류는 거대한 규모로 1년에 약 20km씩 지구를 순환한다. 해류에는 바람과 그 마찰력에 의해 발생하는 취송류(吹送流)와 온도와 염분 차이로 인한 밀도 차이에 의해 발생하는 밀도류(密度流), 해수면의 경사로 인해 발생하는 경사류(傾斜流), 해수의 이동에 따른 빈 공간을 채우기 위해서 발생하는 보류(補流)가 있다. 또한 온도에 따라서도 한류와 난류로 분류된다. 표층의 해류는 대기 대순환이라는 거대한 바람 때문에 생긴다. 북반구의 경우 무역풍, 편서풍, 극동풍이라고 부르는 바람이 바다를 지나가면서 큰 해수의 흐름인 해류가 형성된다. 또한 적도 근처에서 무역풍의 영향을 받은 북적도 해류(North Equatorial Current, 北赤道海流)가 흐르는데, 이 해류가 동아시아 대륙을 지나면서 위쪽으로 상승한다. 이때 위로 올라가는 해수 흐름을 쿠로시오 해류라고 한다. 쿠로시오 해류는 우리나라에 직접적인 영향을 끼치는데, 우리나라에 영향을 미치는 것은 황해 난류와 동한 난류(東韓暖流, East Korea warm current)이다. 쿠로시오 해류를 거쳐 올라간 해류는 북태평양 해류가 되는데, 그 위도가 올라감에 따라 온도도 자연히 낮아진다.

　북태평양 해류도 북아메리카 해류를 만나게 되는데, 이때 캐나다, 미국 서부 연안을 만나 아래로 꺾어져 내려가는 것이 캘리포니아 해류가 된다. 캘리포니아 해류는 북적도 해류와 합류하면서 반시계 방향의 거대한 해류를 만든다. 지구의 자전에 의해 전향력(轉向力, Coriolis' force)이 생기고, 이에 영향을 받는 대기가 해수를 해양의 서쪽으로 편향시킨다. 이로 인해 해수의 서쪽에 물 언덕이 형성되고, 압력 경도력(傾度力)을 만들며, 압력 경도력은 지형류(地衡流, geostrophic current)를 만들어낸다. 이 지형류는 탁월풍(卓越風, prevailing wind)에 의해 생겨나는 해수 이동의 공백을 자연스럽게 채워주어 거대한 원형의 흐름을 만들어주며, 이러한 흐름은 환류(還流)라고 한다. 이러한 바닷속 물의 흐름은 해양 먹이사슬 생태계를 만들게 된다. 한반도 주변 해류 변화의 영향으로 찬물보다 따뜻한 물을 좋아하는 어류로 생태계가 변했다.

라니냐와 엘니뇨

바닷물의 온도 변화는 거대한 지구 대기 흐름과 태풍의 발생에 영향을 미친다. 엘니뇨는 태평양 적도 지역의 중앙 부근(날짜 변경선 부근)부터 남미의 페루 연안에 걸친 넓은 해역에서 해수면 온도가 평년에 비해 높아지는 현상으로, 보통 한 번 나타나면 그 상태가 반년에서 1년 반 정도 계속되고 수년에 한 번 꼴로 발생한다. 반면에 라니냐는 같은 해역에서 해수면 온도가 평년보다 낮은 상태가 계속되는 현상을 말한다.

엘니뇨현상이 일어나고 있을 때는 대기도 변화하고 있어서 대기와 해양에 상호작용이 일어난다. 아직 발생 원인에 대해서는 정확히 알려진 것이 없으나 엘니뇨현상이 일어나기 전에 서부 태평양 적도 지역의 넓은 범위에 따뜻한 물이 고이는 경우가 있는데 이것을 발생 요인으로 추정하고 있다. 또한 서풍 버스트(burst)로 불리는 강한 서풍이 서부 태평양 적도역에서 일시적으로 발생하는 계기가 된다고 알려져 있는데 이는 과거 엘니뇨현상에서 자주 관측되고 있다.

엘니뇨현상 때는 대기 순환이 변해 동북아시아 부근에서는 여름에는 덥지 않고, 겨울에는 비교적 따뜻해진다. 반면에 라니냐현상이 나타나면 동북아시아 부근은 여름에는 무덥고 겨울에는 무척 추워진다. 이러한 기온 상태가 인근 해수면 온도에 영향을 미친다. 그러나 엘니뇨현상(라니냐현상)에 수반되는 중부 및 동부 태평양 적도 지역의 수온 변화가 해양을 타고 곧바로 한반도 부근의 해수면 온도를 변화시키는 일은 드물다. 그러한 수온 변화가 한반도 부근에 도달하려면 수년이 걸릴 뿐더러 그 사이에 대기의 영향을 받아서 한반도 부근에 도달할 때면 수온의 변화는 불명확해지게 된다.

지구의 물 순환

지구상의 물은 수증기나 물, 얼음과 같이 그 모습만 달리하면서 끊임없이 하늘과 땅, 지하 그리고 바다를 순환한다. 우리가 사용하는 담수는 바다 표면에서 증발된 물이 하늘로 올라가 응결되어 비의 형태로 변해서 내린다. 이 중 약 80%는 바다에 내리고, 나머지 20%가 육지에 내린다.

지구상에서 물이 순환하는 원인은 근본적으로 태양 복사에너지 때

지구상의 물이 순환하는 기간

구분	순환 기간	구분	순환 기간
해양	2500년	담수호	17년
빙하	1600~9700년	하천	16일
지하수	1400년	대기	8일

문이다. 순환은 해양과 육상(숲, 호수, 강, 토양 등)으로 부터 증발산(蒸發散, evapotranspiration)된 물이 대기 중에 머무르거나 바람에 의해 이동되는 과정에서 응결되어 구름으로 변했다가 비나 눈의 형태로 해양과 육지로 되돌아온다. 육지에 내린 강수는 지하수, 호수, 강 등에 머무르기도 하지만 바다로 꾸준히 흘러 들어가며 순환한다. 일부 눈은 빙하가 되어 수십 년 또는 수천 년간 갇히기도 하지만 결국에는 녹아서 증발하거나 바다로 되돌아간다. 이렇게 지구의 물은 순환하면서 균형을 이룬다.

지구상의 물은 순환 과정을 통해 해양, 대륙, 대기에 분배되고 순환하면서 태양열을 저장하고 분산시키는 역할을 한다. 물의 순환 과정에서 육지에 내린 비는 지표면의 식생계 및 낙엽 등에 의한 차단되어 다시 증발(evaporation)과 증산(transpiration)되고, 땅 위에 내린 빗물은 지표로 흘러 강물이 되기도 하고, 땅속으로 들어간 물은 중력에 의한 침투(infiltration)와 모세관 현상에 의한 침루(percolation)로 인해 지하수를 형성한다. 지표수와 지하수는 다시 동식물의 소중한 수원으로 쓰이고 나머지는 다시 바다로 흘러 들어간다.

수계(유역)의 물 순환

유역이란 물이 흐르는[流] 영역[域]이라는 뜻으로 빗물이 모여 하천으로 모이는 영역을 말한다. 유역은 수계(水系)라고 불린다. 유역(drainage basin, watershed, catchment)이란 내린 눈이나 비가 어느 강으로 모이는 지역 범위를 말한다. 유역의 어원은 불분명하지만 일반적으로 14세기 독일의 wasserscheide라는 말에서 유래된 것으로 알려져 있다. 유역은 자연수계의 수리학적 경계로 이루어진 영역이며 그 개념은 수자원 문제와 환경 문제 해결을 위해 널리 사용되고 있다. 수계의 물 순환은 홍수, 가뭄, 하천, 지하수 등 좀 더 상세한 지구의 물 순환(Hydrologic cycle) 과정이다. 강수는 하천 순환을 변화시키는 주요 요인이다. 강수는 하천의 수량 변화에 영향을 미치며, 또한 강수는 지표에 떨어져 지표를 따라 하천에 유입되기도 하고, 침투 및 침루 과정을 통해 토양으로 유입되어 지하수 흐름 변화에 영향을 끼친다. 결국 강수와 지하수는 경사도를 따라 해양으로 유입되게 되며 이러한 일련의 과정을 통해 수계의 물 순환이 이루어진다.

수문학(Hydrology)은 물이 어디에서 생겨나며, 어떻게 분배되고, 어디로 가는 것인지, 즉 물의 근원과 분배와 소멸의 과정을 연구하는 학문이다. 미국 과학기술위원회(US Federal Council for Science and Technology)는 수문학을 "지구의 물을 취급하는 과학으로 지구상에 있는 물의 생성, 순환, 분포 및 물의 화학적·물리적 특성과 인간 활동과 밀접한 관계를 맺고 있는 환경과의 상호관계를 다루며, 지구상의 물 순환에 대한 모든 역사를 포함한다"라고 정의하고 있다. 많은 수문학자들이 홍수, 가뭄, 생태 환경 등 지구상의 물을 이롭게 관리하기 위해 물의 순환 과정을 연구하고 있다.

세계에서 유역 면적이 가장 넓은 강은 705만km^{2}의 아마존 강이며, 한국에서는 한강의 유역 면적이 가장 넓다. 수계 물 순환계는 강우, 증발산, 지표면 유출, 지하 침투, 저류와 같은 자연 순환계와 상수도(하천 취수, 지하수 양수), 하수도(우·오수 배제)와 같은 인공 순환계에 의해 물과 물질의 흐름이 일어난다. 수계 물 순환 과정에 태풍과 같은 극한 강수의 영향으로 홍수가 발생하고, 지속적인 가뭄으로 하천이 말라가게 되면 결국 일상생활뿐 아니라 사회경제적으로 미치는 파장이 엄청나다. 우리나라는 수계 물 순환과 관련된 정보를 국가수자원관리종합정보시스템(wamis.go.kr)에서 제공받을 수 있으며, 전국을 6개 권역으로(한강 권역, 낙동강 권역, 금강 권역, 섬진강 권역, 영산강 권역, 영산강 권역, 제주도 권역) 나누어 정보를 제공하고 있다. 현재 시점에서는 물 관리 일원화를 통해 지난 20년간 환경부와 국토부가 나누어서 관리했던 수량, 수질, 재해 등 물 관련 업무를 최근에 새롭게 법을 정비하여 환경부로 일원화하여 관리하고 있다.

그러나 도시화로 인한 불투수면의 증가로 지하수 고갈, 하천 유지 및 용수 부족, 도시 홍수 유발 수질오염 등 물 순환계의 불균형이 심화되고 있는 실정이다. 도시화에 따른 물 순환계 영향으로는 도시 홍수가 증가하고, 물 수요의 증가로 수자원 부족, 하천 유량의 감소로 인한 건천화, 생태계 변화 등을 들 수 있다. 이런 물 문제에 슬기롭게 대응하기 위하여 전 세계가 노력하고 있는 중이다.

저수지(댐)의 물 순환

우리나라는 몬순기후의 영향으로 특히 홍수기(약 6월~10월)에 하천에서 큰 유량이 발생하고 그 외에 기간에는 비가 적다. 그러나 이런 강우 패턴도 기후변화의 영향으로 그 불확실성이 점점 더 커지고 있다.

농업, 산업, 생태환경과 인간의 생활을 위해서는 1년 내내 안전하고 풍부한 수량이 필요하다. 이를 위해 가장 효과적인 방법은 댐을 지어 홍수기에 물을 가두어 홍수도 막고 그 이듬해 홍수가 오기 전까지 필요한 물을 저장해놓는 물그릇을 만드는 것이다. 이 때문에 모든 나라에서는 환경 피해를 최소화시키면서 곳곳에 댐을 지어 물 문제를 해결하고 있다. 호수나 저수지에서도 물은 고여 있는 것처럼 보이나 내부에서는 끊임없이 움직이고 흐른다. 물의 표면과 깊은 곳의 온도 차이로 인한 수온 성층(thermal stratification)이나 탁수가 유입되는 경우에 물의 무게 차이로 인한 밀도류가 발생하기 때문이다. 하구에서는 염분의 차이가 원인이 되며 지구 자전의 영향을 크게 받는다.

여름철 저수지의 경우 하천수가 저수지로 유입되었을 때 눈에 보이지 않는 거대한 물 덩어리 들이 수온 차이 등 물의 무게 차이로 인해 밀도류가 생기는데 그 결과로 침강(plunging), 전파(propagation), 차단(blocking), 역전파(back propagation)가 발생한다.

홍수기 부유사(浮遊砂)가 저수지로 유입되면 주변의 물보다 무겁기 때문에 침강이 발생하면서 밀도류가 되어 중력에 의해 저수지의 밑으로 흐르게 된다. 부유사 밀도류는 수온으로 성층화된 대형 저수지가 아닌 경우 하층밀도류(underflow) 형태로 전파되며, 댐에서 바로 배출되지 않으면 댐에 의해 차단된다. 진로가 차단된 부유사 밀도류는 댐체 근처에서 두께가 증가되며 이 영향이 상류 방향으로 전파된다. 부유사 밀도류는 미생물의 영양물질인 인과 질소를 공급하기 때문에 조류(藻類, algae)를 과잉 번식시키는 부영양화(富榮養化,

eutrophication)의 원인이 되기도 한다.

해결 방안으로, 대형 저수지의 경우 수온이 안정되어 성층화 (thermally stratified)되었을 때는 선택 취수 시설(selective withdrawal structure)을 설치하여 취수구 높이를 조절하여 필요한 층의 물을 선택적으로 뽑아내기도 한다.

세계 여러 나라의 물 사정

빙설을 제외한 담수의 대륙별 분포 비율은 아시아 21%, 북미 26%, 아프리카 28% 그리고 기타 지역이 25% 수준이다. 인간이 사용할 수 있는 담수호 또는 하천수는 약 9만km³에 불과하며, 이는 전 세계 물 총량의 2.5% 정도밖에 안 되는 담수 중에서도 약 0.26%를 차지하고 있다.

유럽은 음용수의 75%를 지하수에 의존하고 있어서 다른 대륙에 비해 그 비율이 상당히 높다. 덴마크는 전체 공공 용수의 99%를 지하수로 사용할 만큼 지하수에 대한 의존도가 높으며, 포르투갈도 전체 수자원의 70%를 지하수로 이용하고 있다. 프랑스의 경우도 지표수의 오염이 심각해짐에 따라 지하수 이용률이 점차 증가하여 지금은 전체 수자원 공급의 57%를 지하수를 뽑아 공급하고 있다. 또한 지표수의 확보가 어려운 북대서양 인접 지역에서는 지하수 이용률이 88%에 이르는 것으로 보고되고 있다(United Nations Environment Program).

또한 전 세계적으로 300여 개가 넘는 강들이 두 국가 이상에 걸쳐 흐르고 있으며, 이 국제 하천 유역에 약 50여 개국, 세계 인구의

[표 2] 2018년 7월부터 8월 16일까지 전 지구 폭염 발생 현황

지역	하천명	위치	유역 국가	유역 현황
유럽	라인강	스위스에서 발원해 북해로 유입	독일, 프랑스 등 4개국	연장: 1,392km 면적: 224천km²
	도나우 강	독일에서 발원해 흑해로 유입	독일, 오스트리아 등 9개국	연장: 2,850km 면적: 816천km²
중동	요르단 강	골란 고원에서 발원해 갈릴 해로 유입	이스라엘, 시리아 등 4개국	연장: 360km 면적: 18.3천km²
	유프라테스 강	터키 산맥에서 발원해페르시아, 아랍 만으로 유입	터키, 시리아 등 3개국	연장: 2,800km 면적: 1,114천km²
아시아	갠지스 강	인도 히말라야 산맥에서 발원해 뱅갈 만으로 유입	인도, 네팔 등 3개국	연장: 2,897km 면적: 1,621천km²
	메콩 강	티베트 고원에서 발원해 남지나해로 유입	중국, 라오스 등 5개국	연장: 4,000km 면적: 795천km²
아프리카	나일 강	부룬디 산맥에서 발원	이집트, 수단 등 10개국	연장: 6,650km 면적: 3,394천km²
미주	리오그란데 강, 콜로라도 강	콜로라도에서 발원해 멕시코 만과 캘리포니아 만으로 유입	미국, 멕시코	[리오그란데 강] 연장: 3,034km 면적: 445천km² [콜로라도 강] 연장: 2,333km 면적: 632천km²
	오대호	오대호에서 대서양으로 유입	미국, 캐나다	연장: 1,207km 면적: 754천km²
남미	파라니 강	브라질 중남동부 고원에서 발원해 대서양으로 유입	브라질, 아르헨티나 등 3개국	연장: 4,880km 면적: 4,144천km²

35~40%가 살고 있다. 최근 국제 공유 하천에서 물을 확보하려는 국가 간 이해 대립으로 물 다툼이 있으며 앞으로 더 심각해질 전망이다. 하천 상류에 있는 나라가 먼저 댐을 짓거나 물길을 다른 곳으로 돌리면 하류 국가는 커다란 피해를 보기 때문이다. 국가 간 합리적인 하천 사용을 위해 국제 공유 하천으로 정하고 국가 간 협의기구를 둔 곳도 있지만, 첨예한 국가 간 이해를 조정하는 것은 대단히 어려운 것이 현실이다.

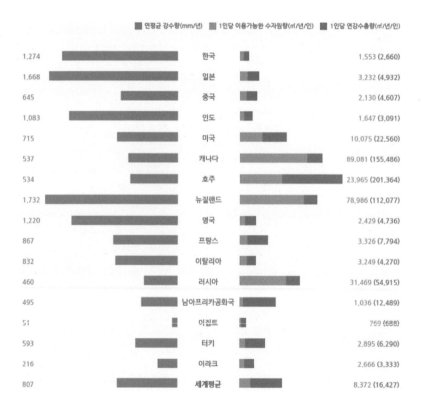

■ 연평균 강수량(mm/년)   ■ 1인당 이용가능한 수자원량(㎥/년/인)   ■ 1인당 연강수총량(㎥/년/인)

연평균 강수량	국가	1인당 연강수총량
1,274	한국	1,553 (2,660)
1,668	일본	3,232 (4,932)
645	중국	2,130 (4,607)
1,083	인도	1,647 (3,091)
715	미국	10,075 (22,560)
537	캐나다	89,081 (155,486)
534	호주	23,965 (201,364)
1,732	뉴질랜드	78,986 (112,077)
1,220	영국	2,429 (4,736)
867	프랑스	3,326 (7,794)
832	이탈리아	3,249 (4,270)
460	러시아	31,469 (54,915)
495	남아프리카공화국	1,036 (12,489)
51	이집트	769 (688)
593	터키	2,895 (6,290)
216	이라크	2,666 (3,333)
807	세계평균	8,372 (16,427)

지형적·지리적 위치에 따라서도 강우량이 달라 수자원의 편차도 심하다. 우리나라의 강수량은 1,274mm로 세계 평균인 807mm보다 1.6배 많지만 1인당 강수량은 연 2,660m³로 세계 평균인 16,427m³의 16% 수준이다. 그 이유는 높은 인구밀도 때문이다.

그러나 상수도 시설을 통해 정수한 물을 사용하는 우리나라의 1인당 하루 물 사용량(Liter per Capita per Day, LPCD)은 약 280리터여서 비교적 물을 풍족하게 쓰고 있고 다른 나라에 비해 결코 작지 않다. 하지만 최근 가뭄이 심해지고 1인당 수자원 양이 많지 않아서 물 절약을 하지 않으면 안 된다.

도시와 우리 생활의 물 순환

물 없는 도시는 생각할 수 없다. 또한 우리는 안심하게 마시고, 씻고, 음식을 만들 수 있는 물이 없는 도시에서는 살 수 없다. 생활용수 외에도 산업용수, 환경용수 등이 넉넉하게 있어야 살기 좋은 도시라고 할 수 있다. 생활에 쓰이는 물은 상수(上水)이다. 안심하게 쓸 수 있는 상수를 만들기 위해서는 하천이나 기타 수원에서 취수한 물을 깨끗하게 처리하는 정수 처리가 꼭 필요하다. 상수도 공학은 정수된 물을 안정적으로 공급해주기 위해 오래전부터 발전해왔다. 정수 처리 과정은 통상적으로 '취수 → 약품 처리 → 응집 → 침전 → 여과 → 소독 → 저장 → 공급' 단계를 거친다. 깨끗한 지하수인 경우에는 정수 과정이 필요 없는 경우도 있다. 약품은 물에 포함된 고체들을 가라앉히기 위해 황산알루미늄 등의 응집제나 응집보조제를 넣어 잘 섞이도록 한다. 응집은 응집제가 물속의 불순물 알갱이에 달라붙어 커다란 덩어리를 형성하는 과정이다. 다음은 침전 과정인데, 무겁게 응집된 고체가 바닥에 가라앉아 깨끗한 물과 분리되고, 분리된 깨끗한 물은 다시 모래와 자갈층으로 만들어진 여과지를 거치면서 남아 있는 불순물을 마저 없앤다. 마지막 단계로, 남아 있는 세균을 죽이고, 가정까지 공급되는 동안 염소 등의 소독약품들을 첨가한다. 또한 정수 처리 품질 과정과 절차에 대한 기준이 법과 규정으로 따로 엄격하게 정해져 있다. 정수 처리 기술의 발달로 콜레라 등의 수인성 전염병은 이제 먼 이야기가 되었다.

상수로 사용한 물은 하수나 공장 폐수가 된다. 더러워진 물을 다시 처리하여 하천으로 되돌려 보내거나 허드렛물(중수, grey water)로

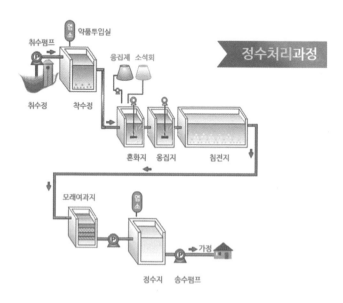

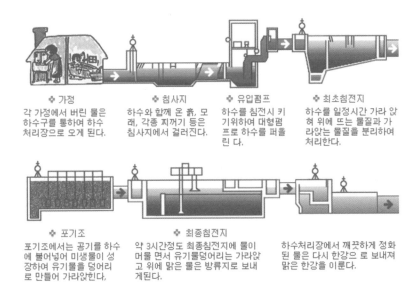

❖ 가정
각 가정에서 버린 물은 하수구를 통하여 하수 처리장으로 오게 된다.

❖ 침사지
하수와 함께 온 흙, 모래, 각종 찌꺼기 등은 침사지에서 걸러진다.

❖ 유입펌프
하수를 침전시 키기위하여 대형펌프로 하수를 퍼올린 다.

❖ 최초침전지
하수를 일정시간 가라 앉혀 위에 뜨는 물질과 가라앉는 물질을 분리하여 처리한다.

❖ 포기조
포기조에서는 공기를 하수에 불어넣어 미생물이 성장하여 유기물을 덩어리로 만들어 가라앉힌다,

❖ 최종침전지
약 3시간정도 최종침전지에 물이 머물 면서 유기물덩어리는 가라앉고 위에 맑은 물은 방류지로 보내게된다.

하수처리장에서 깨끗하게 정화된 물은 다시 한강으 로 보내져 맑은 한강을 이룬다.

재사용하기 위해 하수 처리를 한다. 하수(下水) 처리는 오물이나 더러워진 물을 정화하여 환경을 회복시키는 물 순환 과정이다. 하수는 생활에서 발생되는 배수의 총칭으로, 오수와 우수를 지칭한다. 오수는 가정에서 발생되는 생활하수, 공장이나 사업장에서의 배수 등을 뜻하며, 우수는 빗물이 도로 등의 배수로를 통하여 모여진 물을 말한다.

중수도(中水道, Grey water)는 사용한 수돗물을 생활용수, 공업용수 등으로 재활용할 수 있도록 다시 처리하는 시설(수도법 제3조 제14호)로서, 청소할 때 쓰는 물이나 화장실에서 쓰는 물 등은 반드시 식수 수준만큼 깨끗하지 않아도 되므로 각각의 용도에 맞는 정도의 수질을 유지하면 되는데 바로 이러한 개념에서 나온 것이 중수도 시스템이다.

지구의 아주 작은 소중한 담수(Fresh water)의 과학적 관리와 건전한 도시 물 순환을 위해 ICT를 융합한 지능형 수자원 관리(Smart Water Grid), 저영향 개발(Low Impact Development) 기술이 개발되어 스마트 시티(Smart City)에 도입되고 있다. 이들 기술은 4차 산업과 연계해 세계적으로 우리나라가 앞서나가고 있다.

건강한 물 순환을 위한 세계인의 노력

지구가 푸른 이유는 물이 있고, 물이 잘 순환하고 있기 때문이다. 몸에 피가 잘 돌지 않거나, 막히면 건강을 잃는다. 우리가 쓸 수 있는 물은 아주 미소하다. 그래도 우리가 물을 쓸 수 있는 것은 지구의 물 순환 덕분이다.

과도한 도시화, 산업화로 인한 기후변화로 북극 빙하가 녹고 바닷물이 상승하고 이상 가뭄과 홍수 재난이 빈번해지고 있다. 이러한 인간 활동은 물 순환에도 심각한 영향을 끼치고 있다. 아스팔트와 콘크리트 도로, 주차장, 보도블록 등의 불투수면(不透水面)은 비와 눈으로 내린 물이 지하로 스며들 수 없게 하고 한꺼번에 빠르게 흘러 도시 홍수와 비점오염 수질 문제를 일으킨다. 도시 열섬, 열대야 등의 이상 기후 현상도 물 순환의 변화와 관련 있다.

기후변화는 '지구 온난화 현상'에 원인이 있다고 한다. 석탄, 석유 등의 화석연료 사용, 프레온 가스 등의 사용 증가로 오존층이 파괴되고 있다. 지구 온난화로 인한 다우(多雨) 강수일(60mm/日)의 증가, 이상 과우(異常 寡雨) 발생, 엘리뇨, 라니냐 등의 지속 현상은 이상 기후 및 강수를 발생시켜 많은 피해를 낳고 있다.

세계인은 힘을 합쳐 ESSD(Environmentally Sound and Sustainable Development), MSGs(Millenium Sustainable Goals), SDGs(Sustainable Development Goals) 목표를 세워 추진하고 있다. ESSD는 WCED(World Commission On Environment and Development)가 1987년에 발행한 「우리의 공통 미래」(Our Common Future), 일명 'Brundtland 보고서'에서 처음 등장한 용어이다. 이 '지속가능한 발전'(持續可能 發展, Sustainable Development) 개념은 1988년에 유엔총회에서 UN 및 각국 정부의 기본 이념으로 결의되었다. 1992년에 UN 환경개발회의, 일명 '리우회담'에서 세계 경제 발전의 패러다임을 '환경을 고려한 지속가능한 발전'이라고 선포함으로써 세계적인 인식 변화의 계기가 되었다. 이후 이를 실천하기 위한 세계기후협약 등의 노력을 하고 있지만 각국의 이해관계 때문에 그 진행은 매우 더디다.

물의 철학

여러 사람들은 다짐할 때 노자(老子)의 『도덕경』의 상선약수를 언급한다. 그 뜻을 헤아리며 우리는 물 순환의 이치를 통해 삶의 이치를 깨닫는다.

上善若水 水善利萬物而不爭
處衆人之所惡 故幾於道

居善地 心善淵 與善仁 言善信 正善治 事善能 動善時
夫唯不爭 故無尤 (8장)

최상의 덕은 물과 같다. 물은 만물을 이롭게 하여 다투지 않으면서,
모든 사람들이 싫어하는 곳에 있다. 그러므로 도에 가깝다. 거처로는 땅
을 좋다고 하고, 마음은 깊은 것을 좋다고 하고, 사귀는 데는 어진 것을
좋다고 하고, 말은 진실한 것을 좋다고 하고, 정치와 법률은 다스려짐을
좋다고 하고, 일에는 능숙한 것을 좋다고 하고, 움직임에는 때에 맞음을
좋다고 한다. 오직 싸우지 않으므로 허물이 없다.

참고문헌

마이클 그랜츠, 오재호 옮김 (2002), 『엘니뇨와 라니냐』, 아르케.
최성욱, 반채웅, 최성욱 (2017), 「반채저수지로 유입되는 부유사 밀도류의 수치모의」,
　　　『한국수자원학회 논문집』 Vol. 50, No. 3, 201~210쪽.
윤태훈, 한운우 (1993), 「소규모 저수지에서 밀도류 순환의 수치해석」, 『대한토목학회 논문집』 13(1),
　　　105~114쪽.
윤태훈 (1991), 「소규모 저수지에서 밀도류에 의한 순환」, 한국과학재단.
『하천과 문화』 2010년 겨울호, 한국하천협회.
「물 순환이용기본계획」(2007), 상하수도국 생활하수과.
「부산광역시 물 재이용 관리계획」(2016), 뉴비전전략연구원.
자일스 스패로, 한시아 옮김 (2017), 『물리학』, 아르테.
환경부 물사랑 홈페이지(http://www.ilovewater.or.kr).
이재수 (2018), 『수문학』, 구미서관.
The Environmental Literacy Council 홈페이지(http://www.enviroliteracy.org).

염경택

성균관대학교 토목공학과를 졸업하고 한국과학기술원(KAIST)에서 토목공학 박사학위를 받았다. 1984
년부터 2012년까지 27년간 한국수자원공사에서 근무하면서 주로 수자원, 상수도 등 다목적댐 및 광역상
수도 조사계획과 건설 그리고 운영업무에 종사하였다(상임이사, 수자원본부장 역임). 대외적으로는 세계
대댐회(ICOLD) 부총재와 ICOLD 아시아태평양 지역 의장, 한국물포럼 사무총장, 국토교통부 중앙하천
관리위원 등을 역임했다. 물과 관련된 실무와 이론을 겸비한 국제적 물 전문가로서 현재는 아시아물위원회
(AWC) 이사, 환경부 환경한림원 정회원, 한국물포럼 이사, 한국수자원학회 감사 등 다수의 학회 활동과
함께 환경부 국가 과제인 스마트워터그리드연구단장을 맡고 있으며 성균관대학교 수자원전문대학원 교수
로 재임 중이다.

하나의 물: 우리가 마시는 물, 버리는 물

김경민 국회입법조사처 입법조사관

모든 곳에 물이 필요하다

클레오파트라가 평생 마신 물 중 7개의 물 분자를 여러분이 마신다는 것을 아는가. 물은 시간과 공간을 뛰어넘어서 순환하고 있기에 우리가 마시는 물과 우리가 버리는 물에 대해서 경계를 두는 것은 의미가 없어지고 있다. 우리가 버린 물이 증발되어 다시 빗물이 되어 내리고 그 물을 끌어들여 우리가 마시는 상황에서 도대체 어디까지 깨끗하고 어디부터가 더러운 물일까. 과연 빗물은 마시는 상수일까 버리는 하수일까?

우리가 마시는 물은 우리의 생명과 건강을 유지하는 데 필수적일 뿐만 아니라, 제품과 재화를 생산하는 데에도 쓰인다. 그런데 이러한 물이 세계 인구의 증가와 산업의 급격한 발전으로 필요한 물의 양은 2배 증가하였으나 강이나 하천에서 취수할 수 있는 물의 양은 거의 변함이 없어 한 사람이 사용할 수 있는 물의 양은 감소하고 있는 추세다. 또한 기후 변화로 가뭄이 빈발하고 수질 오염으로 사용 가능한 깨끗한 물이 줄어들면서 향후 물 부족 문제가 심화될 가능성이 높다. 이에 UN에서도 세계 물 부족 인구가 현재 7억 명에서 2025년에는 30억 명에 이를 것으로 전망하였다. 우리나라의 1인당 강수량은 연간 2,591톤으로 세계 평균인 19,635톤의 약 1/8 수준이고, 하천에서 취수하는 비율은 36%에 달해 물에 대한 스트레스가 높은 국가군에 속하며, 이로 인해 가뭄 시 물 이용에 취약하다. 향후 2060년에는 우리나라도 최대 33억 톤의 물이 부족할 것으로 전망된다. 더불어 물을 집약적으로 사용하는 산업의 발달과 오염수의 증가로 인하여 수질은 갈수록 악화될 것으로 예측된다. 이에 기후변화 및 향후 물 부족에 선제적으로 대응하기 위해 우리가 사용할 수 있는 모든 물에 대한 총체적인 관리 방안이 마련되어야 하며 우리가 마시는 물인 상수와 버리는 물인 하수가 하나의 물이라는 인식의 전환이 필요하다.

물 문제는 세 가지로 설명할 수 있는 데 첫째는 양적인 문제이다. 물을 공급하기 위해서는 충분한 양이 있어야 한다. 그런데 물이 있는 곳과 물을 필요로 하는 곳이 상이한 경우가 많아 대부분의 지역에서는 물을 끌어와야 한다. 둘째는 물이 필요한 곳으로 물을 이동시키기 위해 에너지가 필요하다는 것이다. 만약 물이 우리가 필요한 지역보다 높은 곳에 있으면 에너지가 소모되지 않아도 되지만 대부분의 경우는 많은 에너지를 사용하여 취수하는 경우가 많다. 마지막은 수질의 문제이다. 먹는 물을 처리하는 방법에도 여러 가지가 있다. 원수의 수질이나 처리 시설의 규모, 급수 방법에 따라 소요되는 비용이 다르다.

우리는 물을 얼마나 마셔야 할까? 우리에게 물은 필수적이다. 물을 통해서 우리 몸에 필요한 산소와 영양소가 공급되며, 물은 몸의 온도를 유지시켜주고 몸속의 노폐물을 밖으로 배출시키는 역할을 한다. 대략 하루에 2.4리터가 필요하다고 하는데, 그 양은 땀 0.5리터, 배설물 1.4 리터, 호흡할 때의 증발 0.5리터를 합한 것이다. 국이나 차 등을 통해 마시는 물을 제외하고 하루에 한 사람당 약 1.5~2리터의 맑은 물이 필요하다는 것이 공통적인 의견이다.

물은 우리 생활에 없어서는 안 될 물질이다. 우리나라는 1인당 하루에 약 350리터의 물을 사용하는데 이 중 약 200리터가 개인 생활에 필요한 양이다. 사용한 물이 하수처리장에 유입되는 양을 보면 1인당 약 400리터인데 지하수나 빗물로 유입되는 양인 50리터가량이 그 사용량에 더해진다. 따라서 전체 물 사용량 중에서 먹는 물은 얼마 되지 않고 대부분 일상생활을 영위하는 데 물이 사용된다.

따라서 후진국으로 갈수록 물 사용량은 적고 생활 형편이 좋을수록, 또한 기후가 더울수록 물이 많이 소모된다. 가장 많은 차이가 나는 것은 세탁이나 목욕, 청소 등에 필요한 물과 화장실 청소수의 양이다. 특히 수세식 화장실에서의 물 사용량이 많은 부분을 차지한다.

우리는 어떤 물을 마셔야 할까?

1880년경에 질병이 병원균에 의해 유발된다는 것이 과학적으로 증명되었다. 이때 파스퇴르는 사람들이 습관적으로 마시는 오염된 물로 인해 질병이 발생한다고 했다. 지금도 우리는 어떤 물을 마시는지 모르고 마시는 경우가 많다. 수도 사정이 좋지 않았던 1970년대에는 물을 그대로 마시곤 하였는데 점차 수도 사정이 좋아지면서 수도꼭지만 돌리면 24시간 언제나 물이 나오자 이제는 수돗물을 그대로 음용하지 않고 있다. 수돗물에 대한 신뢰의 약화로 병물이나 광천수를 사 마시고 많은 가정에서는 정수기를 사용하고 있다. 이러한 수돗물 기피 현상을 극복하기 위해 지방자치단체들은 수돗물을 병에 담아 제공하고 있다. 지자체가 직접 공급하는 수돗물 자체는 괜찮은데 이를 배수하는 수도관이 오래돼서 정작 가정에 공급되는 수돗물의 수질이 저하된다고 판단하기 때문이다. 이러한 병입(bottled water) 수돗물을 시민들이 별다른 거부감 없이 받아들이자 이제는 수돗물을 직접 먹도록 하는 아파트가 생겨나고 있다. 관리가 미흡한 공동주택의 물탱크를 통해 공급되는 수돗물을 직수관을 통해 공급받도록 하여 수돗물의 안전성을 확보하여 직수 그대로 마시자는 취지이다. 물을 병에 담아 병물을 만들고 그 병물을 운반할 때 에너지가 소요된다. 또한 무상으로 공급되는 병입 수돗물로 인해 플라스틱을 과도하게 사용할 수 있다고 하여 지방자치단체들에서 수돗물 병입수 생산을 제한하기도 하였다. 과도한 플라스틱의 사용으로 인해 미세 플라스틱이 바다, 강, 물고기에서 발견되더니 이제는 인체에서도 발견된다는 보고가 있다. 미국의 경우 병물에 사용하는 플라스틱 병을 만드는데 연간 1,700만 배럴의 원유가 소요된다. 이는 130만 대의 자동차에 들어가는 기름의 양이고, 19만 가정에 필요한 에너지리고 한다. 한 사람당 2리터씩 수돗물을 마시면 연간 0.49달러가 소모되는데 병물로는 1,400달러가량이 소요된다고 한다. 영국에서 세계 주요 권역별로 14개 나라를 임의로 선정하여 159개 지역의 수돗물 속 미세 플라스틱 성분을 조사한 결과 전체 샘플의 83%에서 미세 플라스틱이 검출되었다. 이는 미국의 수돗물 94%가 오염된 것이며 미국 내 수돗물 50mL당 미세 플라스틱이 4.8개가 함유되어 있다는 것이다. 발수 성분을 함유한 옷을 한 번 세탁할 때 발생되는 미세 플라스틱의 양은 70만 조각이라는 평가도 있다.

우리는 어떠한 물을 마셔야 할까? 병물만 마셔야 할까? 수돗물은 염소 냄새 같은 독특한 향이나 맛을 제외한 기능적인 측면만 본다면 건강에 영향이 없다. 시판되는 병물이 미네랄을 함유하고 있어서 이 물을 마시는 것이 건강을 지켜준다는 주장은 과연 믿을 수 있는 것인가?

마시는 물에는 병원균이나 어떤 해로운 물질이 포함되어서는 안 되지만 광물질은 풍부하게 포함되어야 한다. 광물질을 포함하지 않는 증류수를 마시게 되면 인간은 설사를 하는 등 부작용이 발생한다. 밥이나 국을 끓이는 데 사용되는 물은 유해물질을 관리해야 한다. 세탁, 목욕 등에 사용되는 물은 마시지는 않지만 손과의 접촉으로 입으로 들어가기 때문에 병원균에 대해서는 안전해야 한다. 화장실은 비교적 수질이 불량하더라도 문제가 없을 수 있으나 이것 역시 불결하면 신체와 접촉 가능하기 때문에 수질이 나쁘면 안 된다. 하지만 화장실 청소용수에는 구태여 마실 정도의 깨끗한 물이 필요하지는 않다. 물 사용량을 보면 실제로 입과 직접 연결된 물은 하루 10리터 내외이며, 주방의 조리를 포함하여 필요한 물은 하루 약 10~20리터여서 물이 부족한 지역에서는 이 정도 양으로 생활하기도 한다. 세탁이나 화장실 청소용으로 많은 물이 사용된다. 일반 가정에서 하루 1인당 물 소요량은 200리터 내외이며, 상가나 업무용으로 사용되는 물을 모두 합하면 서울의 경우에 1인당 약 350리터가 사용된다. 이 수치는 우리가 가정에서 물을 많이 쓰고 있음을 알 수 있다. 미국은 약 680리터를 사용하는데 이 중 절반가량이 잔디를 기르는 데 사용된다. 따라서 생활용수로 사용되는 양은 우리나라와 유사하다고 볼 수 있다. 물 값을 보면 우리나라가 평균 1톤에 850원 정도인데, 대형마켓에서 물 2리터를 약 500원에 판매하면 수돗물 값은 먹는 병물 값의 약 1/300이어서 매우 저렴하다. 경제 논리로 판단하면 음료용이나 조리용, 세면용을 제외하고 청소나 화장실용 물은 재생된 물을 사용할 수 있도록 하는 듀얼 시스템을 호주 같은 나라에서는 의무화하고 있다. 우리나라는 수돗물 값이 매우 값싸며 물을 재생하여 사용하는 데 소극적이지만 물 값이 비싼 나라에서는 목욕이나 청소수를 재생하여 화장실용으로 사용하는 곳도 있다.

이런 가운데 2050년에는 세계 인구의 70%가 도시에 거주할 것으로 예측되고 있어서 집중적으로 버려지는 하수가 안전하게 관리되어 재사용되어야 할 수원(水源)의 하나라는 인식이 확산되고 있다. 그러나 도시화가 집중될수록 대도시에서 배출하는 하수로 인한 물 순환의 불균형은 심각해질 것으로 예상된다. 선진국에서는 하수 재처리수를 농업용수나 지하수 충전수 등으로 활용하고 있으니 우리나라는 대부분 하천을 유지하는 용수[1]로 흘려보내고 있어서 다른 나라에 비해 물 재이용에 대한 개념 변화가 필요하다.

상수(上水)

상수는 취수한 물을 사용자에게 공급하는 물로서, 상수에서 급수된 물을 수돗물이라고 한다. 과거에는 도시들이 자력으로 대량의 깨끗한 물을 공급하기 힘들었기에 입지 조건이 강가 등 상수원 근처로 한정되었다. 이것이 고대의 문명이 거대한 강을 끼고 발달할 수 있었던 이유이다. 그래서 수로 시스템을 도입하여 장거리로 수돗물을 공급하면서부터 도시의 입지 조건이 강변이 아닌 다른 지역으로 확대될 수 있었다. 현대의 상수도는 취수한 물을 여과, 약품 처리 등을 통해 공급한다. 수돗물 특유의 약품 냄새는 이 처리 과정에서 들어가는 염소 냄새이다. 처리가 끝난 수돗물은 그 상태로 마실 수 있다. 미국이나 유럽 등 석회질이 많은 지역에서는 수돗물 말고는 음용수가 전혀 없는 곳도 많기 때문에 이런 지역은 보통 생활용수로만 수돗물을 사용할 뿐 마시는 물은 따로 판매되는 병물의 형태로 구입하거나 정수기를 설치하여 음용한다. 일반 수도는 지방자치단체가 공급하는 지방상수도와 마을상수도 그리고 한국수자원공사가 위탁해서 공급하는 광역상수도로 구분된다. 지방상

---

1 방류 하천의 하천 유지 유량 확보를 위해 고도 처리 후 에너지를 사용해 상류로 끌어올려 특정 지점에서 배출한다.

수도는 지방자치단체가 관할 지역주민, 인근 지방자치단체 또는 그 주민에게 원수 또는 정수를 공급하는 일반 수도이며, 광역상수도는 둘 이상의 지방자치단체에 원수 또는 정소를 공급하는 일반 수도를 말한다.

우리나라는 1906년에 처음으로 상수도관이 도입되었는데, 현대의 상수도의 보급은 의료계에서도 의료 기술보다 수명 연장에 공이 크다는 주장이 나올 정도로 인류의 건강에 혁신적인 공을 세웠다고 평가받는다. 콜레라 등의 치명적인 수인성 전염병의 위협을 차단함으로써 안전한 물의 공급으로 인해 수명 연장에 혁혁한 공을 세운 것이다. 또한 한국에서 기생충 박멸에 기여한 원인들 중 하나가 상하수도를 갖춤으로써 마시는 물에 동물의 분변이 유입되지 않았기 때문이다.

국가는 수도에 관한 종합적인 계획 수립과 시책 강구 그리고 수도 사업자에 대한 기술 및 재정적 지원의 역할을 한다. 수돗물은 강물, 댐의 물 또는 지하수를 정수 처리하여 만들어진다. 수돗물의 정수 처리는 강물 등을 모으는 취수, 물속의 이물질을 제거하는 응집, 응집제와 결합한 이물질을 바닥에 가라앉히는 침전, 물속의 불순물을 걸러내는 여과, 그리고 수돗물이 수도관과 수도꼭지를 거치는 동안 세균에 감염되지 않도록 하기 위한 염소 소독 등의 총 6단계를 거쳐 생산된다.

한강과 낙동강의 발원지는 강원도 태백시이다. 총 길이가 514km인 한강의 발원지는 검룡소이고, 길이가 525km인 낙동강의 발원지는 황지연이다. 남한강이 흐르는 영월, 단양, 충주의 미네랄 농도가 소양, 춘천, 청평 등 북한강보다 높다. 북한강 상류인 소양호로부터 칼슘 등을 비롯하여 모든 양이온과 음이온이 하류로 이동하면서 서서히 증가하고 있으며 남한강 상류인 충주 지역에서의 수질은 북한강보다 약간 높다. 하류로 이동하면서 양이온과 음이온의 농도가 증가하는 것은 오염 문제라기보다는 지질적인 원인으로 보인다. 수돗물을 살펴보면 칼슘 25mg/L, 마그네슘 5mg/L, 나트륨 15mg/L, 칼륨 5mg/L로 지난 40년 동안에 칼슘과 마그네슘은 1.6배, 나트륨과 칼륨은 2.6배가량 증대된 것으로 나타난다. 이렇게 양이온과 음이온 농도가 증가한 것이 인구 증가 때문인지 토양의 풍화작용에 의한 것인지는 정확히 알 수 없다. 그러나 질산성질소의 농도가 상류인 소양호에서 0.62mg/L로 시작하여 팔당까지 유지되다가 서울에서는 그 두 배가량인 1.24mg/L이 된 것은 인구나 비료 사용에 의한 오염이 관계된 것으로 보인다. 최근 팔당호에서의 질소 농도는 1~2mg/L인데, 그 수치는 지난 40년간의 약 3배가 된다. 이는 나트륨과 칼륨의 변화와 비슷한 경향을 보인다.

수돗물은 일반적으로 국가(지방정부)에서 관리하기 때문에 안전을 우선으로 하여 공급되는 물이나 관련 기술자의 주의 부족이나 불충분한 관심과 예산 때문에 신뢰성을 잃는 경우가 허다하다. 수돗물은 대규모로 물을 공급하기 때문에 이를 위해서 안정적인 양과 수질이 무엇보다도 중요하다. 이것을 고려하여 취수원을 정하는데 세월이 지나면서 취수원이 오염되고 수도관이 낡아져 각종 이물질이 들어와 수질을 악화시키게 된다. 이러한 문제를 제때 해결하기 위해서는 적절한 예산이 필요한데 그렇지 못한 경우에는 점점 수질이 악화되어 신뢰성이 더욱 떨어지게 된다. 정부는 상수원보호구역을 지정할 수 있기 때문에 어느 정도의 수질은 확보할 수 있으나 철저하게 운영 관리하기가 힘들어

오염될 가능성은 배제하기 어렵다. 수돗물을 만드는 정수 기술은 오랜 역사를 가지고 있다. 정수 효과도 좋아야 하지만 유지 관리가 용이한 시스템이어야 한다. 우선 정수시설의 처리 목표는 탁질과 병원균 제거이다. 만약 탁질과 병원균 이외의 불순물을 제거할 필요가 있으면 현 수원을 포기하고 다른 수원을 찾는 것이 정상이다.

우리나라 상수원은 대부분이 지표수(하천수)이다. 비가 오면 하천에 탁수가 증가하고 비가 오지 않으면 탁도가 낮아진다. 따라서 탁질을 제거하기 위해 응집제를 투입하여 침전이 잘될 수 있도록 한다. 침전시킨 후에는 여과 과정을 거쳐 소독한 다음 소비자에게 공급하는데 커다란 저류조를 높은 지역에 설치하여 물 수요에 맞게 공급되도록 한다.

생활용수의 기준은 WHO를 비롯해 나라마다 독자적인 기준을 가지고 있다. 하지만 WHO는 그 기준을 내략 4가지로 설정하고 있다. 미생물학적 기준은 병원균의 유무를 나타내며, 물리적 기준은 탁도, 색도, 냄새 등의 심미적인 기준을 나타낸다. 화학적 기준과 방사능 물질에 대한 기준은 인체에 대한 독성을 나타내는 기준으로 발암물질도 여기에 속한다. 도시 상수도와 먹는 샘물의 기준은 다르게 설정되어 있는데 먹는 샘물에는 병원균과 접촉이 없기 때문에 더 강력한 기준을 적용하고 있으나 석회가 포함된 것을 나타내는 경도와 같은 항목은 오히려 높은 농도를 허용하고 있다. 먹는 샘물의 경우에는 화학적인 방법을 통해 처리하지 못하도록 하고 있다.

서울시 상수도는 2009년 UN공공행정상을 수상하였고 WHO가 지정한 수질 가이드라인에서 2008년부터 모두 적합하다는 판정을 받았다. 아리수의 인지도도 2006년 16.5%에서 2009년에는 84.2%로 증가하였다. 하지만 서울시민이 수돗물을 직접 마시는 음용률은 낮은 편이다.

하수(下水)

하수란 사용한 물을 의미한다. 사용한 물을 하수관을 통해 하수처리장으로 보내어 처리, 배출하는 것이다. 하수는 사용하고 배출된 물만이 아니라 빗물, 지하수 같은 것도 전부 포함된다.

중세 유럽에서 로마제국을 제외한 유럽의 모든 도시는 하수도가 보급되어 있지 않아 분변을 거리에 내다버렸다. 우리나라는 전통적인 하수 관리에 더하여 2011년부터 물 재이용과 관련된 법을 시행하고 있다. 이는 '물의 재이용'[2]을 촉진하여 물 자원의 효율적 활용 및 수질에 미치는 해로운 영향을 줄임으로써 물 자원의 지속가능한 이용을 도모하고자 하는 것이다. 그러나 우리나라의 물 재이용량을 살펴보면 877백만 톤이다. 그런데 그 분포를 살펴보면 하수처리수가 678백만 톤, 중수도[3]가 198백만 톤, 빗물이 0.7백만 톤이어서 실제로 상당한 양의 빗물이 재이용되지 못하고 있다. 그러나 우리와는 다르게 선진국에서는 하수를 실

---

2 빗물, 오수, 하수처리수 및 폐수처리수를 물 재이용 시설을 통해 처리하고, 그 과정에서 처리된 물을 생활, 공업, 농업, 조경, 하천 유지 등의 용도로 이용하는 것을 뜻한다(「물의 재이용 촉진 및 지원에 관한 법률」제2조).

3 개별 시설물이나 개발 사업 등으로 조성되는 지역에서 발생하는 오수를 공공 하수도로 배출하지 않고 재이용할 수 있도록 개별적 또는 지역적으로 처리하는 시설.

질음용,[4] 간접음용,[5] 직접음용[6] 등 여러 방법으로 재사용하고 있다.

　일반적으로 우리는 무엇을 먹는가보다 무엇을 버리며 사는지를 쉽게 인식한다. 하지만 요즘 도시에서는 하수 처리가 잘되어 있어서 우리가 버린 것들이 하수도를 통해 보이지 않게 흘러가기 때문에 내가 버린 것이 어디로 가서 어떻게 되는지 잘 알지 못한다. 우리가 버리는 것을 잘 관리하지 못하면 먹는 것도 안전하지 못하다는 것이다. 버리는 것이 토양을 통해 다시 우리 입으로 들어오기 때문이다. 하수 처리 시스템이 발달하지 못한 나라들에는 강 주변에 쓰레기 더미가 쌓여 있고 비가 오면 이 쓰레기들이 하천으로 쓸려 들어간다. 이러한 쓰레기들이 하류로 이동하여 그 국민이 먹는 물로 사용하는 수원에 이르기도 한다.

자연의 '물 정화 시스템'

　저수지는 물을 저장하여 사용하는 곳으로 자연적으로 생겨난 것도 있지만 대부분 큰 저수지들은 인공적으로 만들어진 것이다. 인구가 적고 산업 활동이 적은 곳에서는 저수지를 급수원으로 사용하기도 한다. 저수지에서는 물리화학 및 생물학적인 정화작용이 일어나고 있다. 물

4　배출 기준에 부합하는 하수처리수를 지표수인 하천이나 호수에 방류한 다음 하류에서 취수·정수한 후 공급하는 것으로 우리나라 등 대부분의 국가에서 채택하고 있다.
5　음용 수준의 하수·폐수 처리수를 환경완충수체인 저수지 등에 배출한 다음 취수·정수한 후 공급하는데, 이는 심미적인 거부감을 방지하기 위한 것으로 싱가포르, 미국 등에서 채택하고 있다.
6　음용 수준의 하수·폐수 처리수를 정수장에서 혼합하여 처리한 다음 공급하거나 처리수를 공급관망에 혼합하여 공급 또는 처리수를 직접 음용하는 것으로, 미국의 가뭄지역(Texas), 남아프리카 등 다수 지역에서 채택하고 있다.

속에 침전된 것은 박테리아의 먹이가 된다. 수면에서는 태양광선을 받아 녹조류 또는 미세조류가 박테리아가 뿜어내는 탄산가스를 이용하여 산소를 생산하며 성장한다. 이것이 탄소동화작용이다. 밤에는 태양광선이 없어 산소 생산을 못하여 박테리아와 함께 물속의 용존산소를 고갈시켜 물고기가 죽기도 한다. 물론 이 과정에서 녹조류는 먹이사슬을 통해 물고기의 밥이 되며 물은 정화된다. 미꾸라지를 기르기 위해 분뇨를 분해시킨 후에 찌꺼기를 주어 기르는 경우도 있다. 이러한 과정을 이용해 하수를 처리하는 경우도 있는데 이를 '산화지'라고 부른다. 산화지는 우리나라에는 없지만 미국을 비롯해 땅이 넓은 지역에는 흔히 설치되어 있다. 산화지는 유지 관리가 쉬우며 비용도 크지 않다는 장점이 있으나 수질이 그리 좋은 편은 아니며 부지가 많이 소요된다는 단점이 있다. 앞서 언급했듯이 저수지의 상부는 녹조류가 산소를 내뿜고 또한 대기의 산소가 녹아들어 용존산소가 높으나 하부로 가면 박테리아의 작용으로 산소가 고갈되어 혐기성 상태가 된다. 이 지역에서는 환원 상태로 토양 내의 금속성이나 침전물이 인이나 질소 성분이 용출된다. 토양 내부로부터는 철분이나 망간이 흔히 용출되는데 우리나라 팔당호에서도 관측된다. 용출되는 질소와 인은 녹조류의 영양소가 된다. 지하수에서도 우물물을 뽑아내면 누르스름한 물이 용출되는 경우가 있는데 이는 오랫동안 침적되어 있는 물이 혐기 상태로 철분을 용출시켰기 때문이다. 이 물을 공기 중에 노출시키면 철분이 산화되어 물이 맑아진다. 궁극적으로 사용한 물은 처리 유무를 떠나 토양이나 하천, 저수지로 흘러들어가며 마침내 바다로 유입된다. 따라서 바다가 더러워지는 이유는 육지로부터 더러운 것이 유입되었기 때문이다. 바다는 무한한 자원의 보고이다. 대기 중의 이산화탄소는 바다로 흡수되어 지구온난화의 속도를 늦추는 역할도 한다. 우리가 농경지에 퇴비 등의 유기물질로 시비를 하면 그만큼 유기물질이 토양에 남아 역시 온난화 감소에 효과적이라고 할 수 있다.

바다는 이산화탄소 농도를 흡수해 페하(pH)를 낮춘다. 저수지의 미세조류나 수초의 성장도 어느 면에서는 배출 탄소의 축적으로 온난화 완화에 기여한다. 이러한 식물을 이용한다면 그 효과는 증가될 것이다. 저수지와는 달리 수심이 깊지 않은 곳에서 형성되는 것이 늪지이다. 늪지도 저수지와 유사한 기능을 하나 저수지보다는 토양 접촉이 크다. 토양에는 더 많은 종류의 미생물이 서식하여 토양층을 통한 물은 보다 깨끗하다. 인공 늪지에서 여과층의 기능을 활성화시킨 것이 수직 흐름 늪지이다. 이 늪지에서는 공기구멍을 제공하여 식물이 공급하는 산소의 부족량을 보충한다.

정수장에서 에너지를 감소시키는 방법으로는 에너지 사용을 최소화시키는 방법밖에 없다. 궁극적으로는 급수 배관의 길이를 짧게 하는 방법 말고는 처리장 내에 설치 가능한 곳에 태양광 발전을 하는 것이 고작이다. 침전지 상부에 태양광 패널을 설치하면 녹조류 성장도 막고 전기 생산도 가능하다. 이것 말고 정수장에서는 다른 대안이 없는 반면에 하수처리장은 자원화 가능성이 높다. 우리나라의 하수 처리량은 하루에 약 2,500만 톤이다. 이는 인구 1인당 400리터에 해당되는데 실제 수돗물 사용량보다 약 20% 많다. 그 이유는 빗물을 포함하여 하수관거로 지하수가 유입되기 때문으로 추정된다. 수돗물의 생산 단가는 톤당 850원인데 하수처리 단가는 360원 정도여서 수돗물의 약 42%이다. 사실상 수돗물 처리 비용은 전기 값과 약품 값인데 수도 파이프가 길어서 생기는 비용이 절대적으로 크다. 대도시의 경우 에너지 소요가 1인당 연간 71.9kWh인데 이 중 77.7%가 급배수용에 소모된 것이며 나머지 22.3%인 16kWh가 처리 과정 중에 사용된 에너지이다. 즉 규모가 크면 에너지 소요량이 증대되는 반면에 하수처리장에서의 에너지 비용은 규모가 커질수록 작아지는 현상을 나타내고 있다. 하수관거는 자연 유하 식으로 설계되기 때문이며 수도 파이프는 압력으로 밀어내기 때문에 규모가 커지면 이에 따라 커지는 현상이 생긴다. 우리나라 하수처리장의 에너지 소모는 연간 1인당 대규모에서 45kWh인 데 비해 소규모에서는 180kWh까지 증가한다. 에너지 절약 및 재생 시스템을 사용하는 유럽연합의 소요량에 비해 4배가량 높다. 이 사실은 하수처리장은 어느 규모 이상 큰 것이 경제적이며 정수장은 되도록 수요처에 가깝게 소규모로 설치하는 것이 바람직하다는 결론에 도달한다. 하수처리장도 소규모에서 에너지를 작게 소요하는 방법을 택하면 이러한 문제를 극복할수 있을 것이다. 이러한 방법으로는 기후가 좋은 열대지방에서 사용하는 습지 처리나 산화지가 대표적인 방법이라고 볼 수 있다. 이러한 방법은 소요 부지가 넓은 것이 특색이며 낮은 온도에서는 적용이 어렵다.

하수를 농업에 이용한 예는 많다. 우리나라도 물이 모자라게 되면 하수를 농지에 이용하였다. 이제는 하수처리장의 처리수를 이용하기 어렵지 않은데 직접 사용하는 것을 대부분 꺼림칙하게 생각하고 있다.

남아 있는 불순물이 농작물에 어떤 영향을 줄까 하는 우려 때문일 것이다. 반면에 처리된 하수를 하천이나 저수지에 넣은 후에 재이용하는 데에는 반대가 없는 것으로 보아진다. 하수 내에서 꺼림칙하게 생각되는 불순물은 의약 물질 성분과 환경호르몬 물질로 보인다. 처리된 하수를 재처리하여 저수지나 강에 넣었다가 다시 정수 처리하여 공급했을 때 건강상에 어떠한 문제도 발생했다는 보고는 없는 것으로 보아 농업에 직접 이용하는 것은 별 문제가 없지 않을까 생각된다. 농지 자체가 미처리된 물질을 제거시키는 역할을 하기 때문이다. 물이 부족한 지역에서는 처리된 하수를 저수지 등에 넣었다가 다시 정수장으로 보내 음료수로 재사용하는 방법을 간접이용이라고 부르는데 직접이용보다 시설비나 유지관리비가 많이 든다. 또한 간접이용은 증발량이 커서 물 부족 지역에서는 손실이 크다. 장래 물 부족이 심각해지면 아마 직접이용이 되리라고 생각된다. 아울러 유통기한이 지난 의약품을 변기에 버리거나 음용한 약이 대부분 분뇨로 배설됨으로써 화장실 세척용수는 별도로 하수관거를 통해 배출하고, 하수처리장으로 지금과 같이 보내고 남은 물은 배출 지점에서 처리 후에 화장실 세척용으로 사용하는 예를 볼 수 있다. 결국 수돗물 값이 올라가면 자연스럽게 재사용률이 증가할 것으로 보인다.

선진국 중에서 물을 가장 적게 사용하는 나라는 독일이다. 2012년 기준으로 하루 1인당 사용량이 193리터이다. 영국이 282리터, 일본이 345리터, 우리나라는 335리터이다. 이 중 상당량은 수세식 변기에 이용되는 물이다. 최소한도로 사용하는 물의 양은 아마 1회 사용에 4리터

정도로 보인다. 1일 5회 정도 화장실에 간다면 그 사용량은 1인당 20리터이다. 아마 일반 가정에서는 이보다 훨씬 많이 사용할 것이다. 가정에서 사용하는 상수도 사용량은 약 25% 이상이 화장실에서 사용되고 있다고 추정한다.

　분뇨는 농촌이나 소규모 도시에서는 발생 오염 부하의 50% 정도를 차지하고 있다. 만약 분뇨 문제만 물을 안 쓰고 위생적으로 해결할 수 있다면 수돗물의 양을 줄일 수 있는 아주 좋은 방법이 될 것이다. 퇴비로 이용하는 것이 효율적이나 대도시에서는 퇴비화 시설을 설치할 공간이 부족하다. 이러한 관점에서 최근에 개발된 태양광 발전 등 에너지를 감소하는 방향으로 하수를 처리하는 방법들이 연구되고 있다. 여기에서 어떻게 하면 분(糞)을 효율적으로 분리하느냐가 관건이다. 분과 뇨를 처리할 때 뇨(尿)를 분리하지 않으면 증발에 많은 에너지가 소요되기 때문이다. 이러한 건식 화장실의 이용을 대상으로 하는 곳은 인구밀도가 낮은 지역에 한정돼 있다. 도시 중심부에는 어느 나라나 대부분 수세식 화장실을 사용하고 있어서 오히려 이 화장실들의 물 소요량을 줄이는 방안이 연구 대상이 되고 있다. 화장실 하수는 농도도 높을뿐더러 처리 후에도 색깔이 남는 문제가 있다. 따라서 기존 하수관거를 이용하여 하수처리장으로 보내고 화장실 청소수를 제외한 모든 물은 재처리하여 화장실 세척수, 정원용수 등으로 사용하는 방법이 현실적으로 쉽게 적용할 수 있는 방법이 될 수 있을 것이다. 결과적으로 물 공급량은 감소하고 하수처리장의 농도는 높아져 에너지 회수가 용이해질 수 있는 장점이 있다.

우리나라 자연환경도 노폐물이 쌓이지 않게 적절히 분해되고 재생
되어야 한다. 재생되지 못한 자연환경은 우리에게 건강한 환경을 제공
하지 못한다. 곧 불량한 식품과 불량한 물이 공급된다. 결과적으로 인간
에게 위험한 환경이 되는 것이다. 이것이 우리가 잊지 말아야 할 점이다.
처리된 하수에 무엇이 있을까 하고 두려워하는 경우도 많은데 오래전
부터 이스라엘은 하수의 전량을 농업용수로 사용하고 있다. 미국의 캘
리포니아 지역은 원래 사막인데 콜로라도 주로부터 물을 가져와 공급
하였으나 공급량이 제한적이다 보니 처리된 하수를 전량 땅속에 넣어
재생하여 다시 먹는 물로 생산하고 있다. 처리된 하수로부터 음료수를
재생하는 기술은 이미 1990년대에 개발되었으나 심리적인 요인으로
직접 사용이 어려웠다. 생산된 물을 저수지에 넣어 희석시킨 후에 사용
하는 추세였다. 하지만 직접 이용되고 있는 곳도 있다. 우리나라도 상류
에서 버린 물이 강으로 들어가고 하류에서는 다시 물을 뽑아 쓴다.

물 발자국(Water Footprint), 지구촌 물 관리의 전환이 필요한 때

물의 재이용이란 빗물, 오수, 하수처리수, 폐수처리수 등을 물 재이
용 시설을 통해 처리하고, 처리된 물을 생활, 농업, 조경, 하천 유지 등의
용도로 이용하는 것을 말한다. 우리나라는 일정 규모 이상의 시설에 빗
물 이용 시설 및 중수도 설치를 의무화하고 처리수를 재이용하여 추후
에는 하수처리수의 재이용률을 약 30%까지 늘릴 계획이다. 미국이나
유럽과 달리 우리나라는 전통적으로 지하수를 먹는 물이 아닌 농업용
수로 과도하게 사용하고 있고, 하수처리수를 하천 유지 용수로 가장 많

이 사용하고 있어서 지하수 부족으로 인한 지반 침하나 해수 유입 같은 문제가 발생하고 있다.

지구 전체적으로 볼 때 물의 65%는 농업용수로, 20%는 공업용수로, 10%는 생활용수로 이용하고 있다. 필요한 수량은 작물에 따라, 지역에 따라 다르지만 대략 1kcal당 1리터를 잡고 있다. 따라서 1인당 연간 약 100만kcal의 열량이 필요하다면 연간 1인당 1,000톤의 물이 소요된다. 여기에 나무와 풀도 자라야 하고 식수와 하천유지 용수 등을 합하면 연간 1인당 대략 1,700톤 이상이 필요하다. 따라서 연간 1,700톤 이하를 물 부족 국가로 구분하며, 1,000톤 이하를 물 기근 국가로 구분하고 있다. 우리나라는 가장 가물었을 때를 기준으로 가용수량이 1인당 연간 1,500톤이어서 물 부족 국가로 분류돼 있다. 우리나라는 식량의 70%가량을 수입에 의존하고 있어서 엄밀히 말하면 우리는 물로 인한 스트레스가 대체적으로 농업 국가에 비해서는 훨씬 적다고 할 수 있다. 하지만 우리나라도 최근의 강우 패턴에 비추어보면 국지적으로는 심한 가뭄을 겪는 지역이 있는 반면에 집중호우로 피해를 보는 지역도 있다.

지구촌에서 물이 문제가 되고 있는 것은 갑작스러운 일은 아니다. 그럼에도 사람들은 이에 대한 인식이 여전히 낮다. 지구촌 물 문제는 생명과 직결돼 있고, 우리는 물 없이는 살아갈 수 없는 존재이다. 에너지를 필요로 하는 회색물(하수), 청색물(상수)과 에너지가 필요 없는 녹색물(빗물)의 개념인 물 발자국은 인간 활동에 의해 필연적으로 필요한 물 사용량과 물 고갈 정도를 추산하고 있다. 제품과 서비스에 소요되는 물의 사용량을 분석하고 그 물의 종류에 다른 수자원 고갈 정도까지 고려하는 지속가능한 물 관리를 위한 행동 변화를 유도해야 한다. 전 세계적으로 이미 물의 심각성을 알려주는 통계들이 있다. 전 세계 인구 3명중 1명이 물 부족을 경험하고 있으며 전 세계 10억 명이 만성적인 식수난에 시달리고 있다. 해마다 340만 명이 관련 질병으로 사망한다. 이는 지구촌에서 지금 벌어지고 있는 일들이다. 선진국에서 사용하고 있는 물이 과연 그들이 독점할 수 있는 물인가, 혹시나 그 독점으로 인해 누군가가 전염병에 걸려 죽어가는 것은 아닐까라는 위기의식은 전 세계로 하여금 물 관리를 하도록 하는 원동력이 되고 있다. 이 새로운 접근 방식이 정책을 통해 펼쳐질 수 있어야 할 것이다. 이는 쉬운 과정은 아닐 수 있다. 우리에게 깨끗한 식수의 공급이 끊기는 긴박한 상황을 맞이하기 전에 물 관리의 인식 전환이 필요할 때이다.

김경민

연세대학교에서 환경공학으로 공학 박사학위를 받았다. 국립농업과학원에서 토양에서 오염물질이 하천으로 유출되는 경로를 파악하는 비점오염원 연구를 하였다. 이후 거버넌스 기구인 특별대책지역수질보전정책협의회에서 근무하며 물 정책으로 인한 환경 갈등 해소를 위해 노력했다. 2009년부터 국회입법조사처에서 입법조사관으로 근무하면서 주로 물, 폐기물, 대기, 토양 등 각종 환경 매체에서의 오염물질 이동을 통합적 측면에서 관리하는 정책 구현을 위해 입법 지원하고 있다. 대외적으로는 대통령직속 지속가능발전위원회 전문위원, 소방방재청 재해영향평가 위원, 강원대학교 연구교수 등을 역임했다. 물과 관련된 기술정책에 대한 이해가 깊은 물 정책전문가로 현재 한국물환경학회 부회장으로 활동하고 있다. 주요 보고서로는 통합환경관리를 위한 다매체 거동, 수용체 중심의 위해도 분석 시스템 개발·적용, 내분비계 장애물질, 위해 우려물질 선정 및 평가, POPs 제품·폐기물 실태조사 및 관리방안 등에 대한 연구가 있다.

가뭄과 함께하는 인류 문명

－

이주헌 중부대학교 토목공학과 교수

가뭄과 물 부족

'가뭄'의 사전적 정의는 오랫동안 계속하여 비가 내리지 않아 메마른 날씨가 이어지는 자연적 현상으로서 인간의 정상적인 사회활동과 작물의 성장에 필요한 물이 부족하여 심각한 피해를 유발하는 현상이다. 일반적으로 가뭄(Drought)과 물 부족(Water Shortage)은 비슷한 의미로 보이지만 분리해서 이해되어야 함에도 불구하고 혼용하고 있다. 가뭄과 물 부족은 엄연히 다른 뜻을 가지고 있다.

가뭄과 물 부족은 궁극적으로 두 가지 모두 일시적으로 물이 부족한 결과를 초래하지만 그 결과를 유발하는 과정과 원인이 서로 다르다. 즉, 가뭄은 일정 기간 비가 내리지 않는 자연적인 현상이고, 물 부족은 인간의 물 수요와 공급의 불균형으로 인한 일시적이고 인위적인 현상이다. 가뭄은 강수 부족으로 인하여 평소에는 없던 물 부족 현상이 장기

가뭄과 물 부족 관계

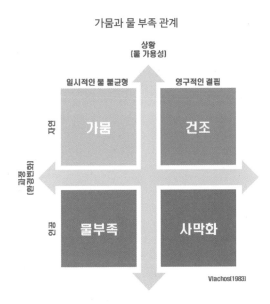

간 지속해서 유발되었을 때여서 인위적으로 조절하거나 제어할 수 없다. 따라서 가뭄은 홍수와 같이 자연재해로 분류되며, 지역에 따라서 가뭄을 정의하는 기준이 달라질 수 있다. 즉, 오랜 기간 동안 비가 내리지 않더라도 물 부족 현상이 지속적으로 유발되지 않는 상황은 가뭄이라고 할 필요는 없다.

가뭄의 종류와 특징

가뭄은 강수의 부족으로 야기되는 현상이지만, 물이 부족한 분야에 따라서 크게 기상학적 가뭄, 농업적 가뭄, 수문학적 가뭄, 환경-생태학적 가뭄, 사회경제적 가뭄 등으로 분류할 수 있다.

가뭄의 종류

| 기상학적 가뭄 | 농업적 가뭄 | 수문학적 가뭄 | 환경-생태학적 가뭄 | 사회경제적 가뭄 |

기상(기후)학적 가뭄은 일정 기간 동안 무강우가 지속되어 발생하는 가뭄으로 정의하며, 다른 종류의 가뭄을 유발하는 원인이 된다. 기상학적 가뭄은 그 지역의 평균적인 규모의 강수량, 온도, 증발량 등에 따라서 달라지므로 기상학적 가뭄의 정량적인 정의가 지역마다 다르며 나라마다 가뭄의 기준이 다르게 적용된다.

농업적 가뭄은 농작물 생육에 직접 관계되는 토양 수분 및 관개용수가 절대적으로 부족하여 농작물의 생육 장애 등과 같은 농업적 피해가 발생하는 것을 말한다.

수문학적 가뭄은 인간이 필요로 하는 물 공급에 초점을 맞추어 댐이나 저수지 및 하천을 통한 가용 수자원 양이 사람들의 물 수요량보다 부족하여 제한 급수 등의 피해가 발생하는 것으로 정의된다.

환경-생태학적 가뭄은 자연생태계에서 필요로 하는 물 공급의 부족으로 수생태계의 서식처 감소, 수질 악화, 토양 오염, 산불 발생 등의 환경-생태학적 피해가 발생하는 것으로 정의된다.

사회경제적 가뭄은 기상학적, 농업적, 수문학적, 환경-생태학적 가뭄이 모두 연관된 가뭄으로서 물 공급량의 부족으로 인하여 경제적 재화에 대한 수요가 공급을 초과할 때 발생하는 가뭄이다. 예를 들면 가뭄으로 인하여 하천 수량이 줄어들고, 이로 인하여 수력발전량이 줄어들어서 국가에서 전력 소비에 대한 강한 규제를 시도하는 일련의 과정을 사회경제적 가뭄으로 정의할 수 있다.

　가뭄은 홍수, 태풍, 집중호우, 폭설 등의 자연재해와 다른 특징을 갖고 있다. 첫째, 가뭄은 진행 속도가 매우 느리며, 가뭄 피해는 가뭄이 지속될수록 피해가 누적되어 그 피해는 정상적인 강우가 시작된 후에도 지속되어 발생된다. 둘째, 가뭄은 수년 또는 수십 년 동안 장기간에 걸쳐 발생하며 가뭄의 시작과 종료되는 시점을 정확히 파악하기 어렵다. 셋째, 가뭄은 피해 면적이 다른 재해에 비해서 광범위하다. 대부분의 자연재해는 일부 지역에 국한되어 피해가 발생하는 반면, 가뭄은 그 영향을 받는 사회, 경제, 환경 등의 분야에 있어서 광범위하게 영향을 미친다. 넷째, 가뭄은 대책 수립이 어렵다. 가뭄에 대한 정확하고 일반적인 정의가 없어서 어떤 지역이 가뭄이 발생했고, 또 가뭄이 얼마나 심각한지 정량화하는 것이 어렵다. 이 때문에 물 관리자나 정책 결정자들이 가뭄의 영향이 분명하게 나타날 때까지 조치를 취하기까지 혼란을 겪게 되고 효과적인 조치를 해야 하는 적절한 시기를 놓치곤 한다.

전 세계는 지금 얼마나 극심한 가뭄에 시달리고 있나?

　현재 전 세계는 4~5년 또는 10년 이상 지속되는 극심한 가뭄(일명: 메가 가뭄)으로 골머리를 앓고 있다. 메가 가뭄이란 1~2년 동안 지속되는 짧은 가뭄이 아니라 10년 이상 지속되는 장기 가뭄을 의미한다.

전 세계 메가 가뭄 발생 현황(출저: Dai, 2010)

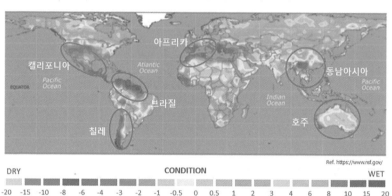

2018년을 기준으로 5년 이상 가뭄이 지속되었거나 지속되고 있는 지역으로는 동남아시아(메콩 강 유역), 미국(캘리포니아), 브라질, 아프리카, 칠레, 호주 등의 국가에서 최근 유래를 찾아볼 수 없을 정도의 심각한 가뭄을 겪었다.

동남아시아에서 발생한 가뭄 중 대표적인 예로는 메콩 강 가뭄이 있다. 길이 4,020km인 메콩 강은 티베트에서 미얀마, 라오스, 태국, 캄보디아, 베트남 등 인도차이나 국가들을 거쳐 남중국해로 흐르는 '동남아의 젖줄'로 불리는 동남아시아 최대의 강이다.

최근 베트남 최대 곡창지대에서 발생한 2015~2016년의 가뭄은 100년 만의 최악의 가뭄으로 기록되고 있다. 한 매스컴에 따르면 2017년 메콩 강의 수량은 평년 대비 30~50% 정도 감소하였으며, 농업용수를 공급하는 주요 하천이 메말라 농업용수가 부족한 현상을 겪고 있다.

미국 캘리포니아에서 발생한 가뭄 사례는 2006년부터 2016년까지 10년 이상 가뭄이 지속되어 미국의 기상학자와 수문학자들이 메가가뭄의 시작이라고 주장하기도 했다. 2015년 당시 경제적 피해가 22억 달러 이상으로 추산되었으며, 벼농사 면적이 25%가 감소하였고, 대형 산불뿐만 아니라 1,250만 그루의 산림이 고사하는 환경적 피해도 발생하였다. 이로 인해 정부에서는 잔디밭 급수 횟수 줄이기, 세차 금지 정책을 폈으며, 물 낭비 주민에게 하루 최대 500달러 벌금 조례안이 통과되는 등 전례 없는 절수 정책이 시행되었다.

다음으로는 2013년부터 최근 6년간 이어져오고 있는 브라질 북동부 지역에서 발생한 가뭄이 있다. 매스컴 보도에 따르면 브라질 북동

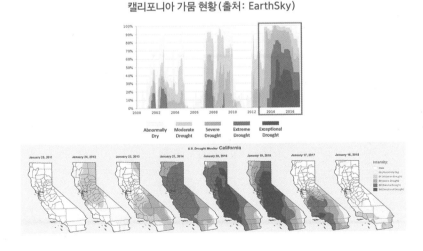

캘리포니아 가뭄 현황(출처: EarthSky)

부는 16세기 말부디 잦은 가뭄 피해가 기록되어 있으며, 가뭄 때문에 주민들이 대거 이주하였을 뿐만 아니라 브라질의 주요 농산물인 커피 생산량이 15% 감소하는 등 큰 영향을 미쳤다. 특히 브라질은 전력 생산의 70% 정도를 수력발전에 의존하고 있기 때문에 가뭄으로 인한 댐 저수량이 감소하게 되면서 전력 생산이 취약해지는 구조적인 문제로 벨루몬치 댐의 송전 시스템 장애로 브라질 북부와 북동부 지역 13개 주에

아프리카 가뭄 현황(출처:『경향신문』 2015년 10월 19일 기사)

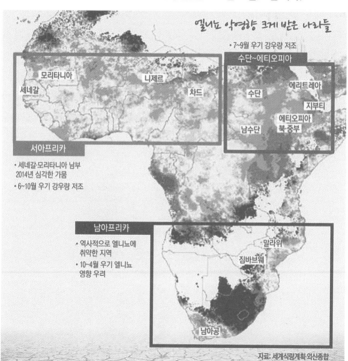

서 정전 사태가 벌어져 많은 인구가 가뭄에 의한 사회경제적 피해를 본 것으로 전해졌다.

아프리카 대륙은 중북부에 위치하는 34개국을 중심으로 2005년 부터 현재까지 이어지고 있는 가뭄으로 식량난, 기아, 식수 문제 등으로 1,600만 인구가 고통 받고 있다. 특히, 가뭄에 의한 문제가 심각한 지역 은 에티오피아, 수단, 소말리아로 에티오피아는 820만 명이 식량 부족 으로 인한 기아에 시달리고 있고, 소말리아는 25만 명이 생업을 잃거나 식량난으로 굶어죽었으며, 74만 명의 난민이 발생한 상황이다. 남아프 리카도 비슷한 상황이어서 남아프리카공화국은 옥수수 생산량이 1/3 가량 급감하였으며 농작물 생산량 전반에 심각한 영향을 미쳤다. 짐바 브웨도 인구 150만 명에게 식량을 긴급 지원하는 등의 가뭄 대책이 시 행되고 있다고 보고되고 있다.

마지막 사례로는 호주의 동남부 지역을 중심으로 발생했던 가뭄이 다. 이 가뭄은 2001년부터 시작되어 2009년까지 10년간 지속되었는

호주 가뭄 상태(출처: Australian Government Bureau of Meteorology)

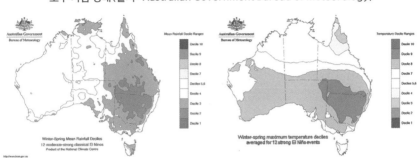

데, 멜버른 대학교 연구진은 이 가뭄이 400년 만의 최악의 가뭄이 될 것으로 분석하였다. 호주의 이 가뭄은 그 심각한 수준을 반영하여 '밀레니엄 가뭄'(Millennium Drought)이라고 명명되었다. 이 가뭄으로 인하여 21억 달러의 국가 경제에 손실을 가져왔고, 농업과 관련된 수출액의 7.4%가 하락하는 등 심각한 경제적 피해를 유발했다.

이처럼 호주의 가뭄은 매우 심각한 수준이며, 호주의 가뭄 상황은 2018년 기준 7월 한 달간 강우량이 10mm에도 못 미치는 상황이어서 1965년 이후 최악의 가뭄이라고 평가되고 있다.

우리나라의 가뭄 사례

국내에서 발생한 근래의 가뭄 사례 중 대표적인 가뭄은 최근에 발생한 2014~2015년 연속 가뭄이다. 2014년 가뭄의 시작은 2013년부터라고 볼 수 있으며 연평균 강수량으로 볼 때 2017년까지 지속되던 것으로 분석된다. 특히 2014~2015년 2년간은 서울, 경기, 충청 강우량이 평년 대비 50~61% 수준으로 한강 유역은 역대 두 번째 최저 강수량을 기록할 정도로 극심한 가뭄이 지속적으로 발생하였다. 2014년 가뭄은 2015년까지 지속적으로 이어졌으며, 2014년에 비해 더욱 극심해졌다. 4월부터 중부지방을 중심으로 가뭄이 전국적으로 확산되었으며, 2015년 12월 기준 보령댐, 횡성댐, 용담댐은 역대 최저 저수율을 기록하였다. 댐 대부분이 주의·심각 단계로 다목적댐의 평균 유입량은 예년의 43.7% 수준이었다. 2014년의 가뭄의 재현 기간은 20~30년 빈도였으나, 2015년 가뭄은 한강과 금강 유역이 50~100년 빈도, 낙동강 유역이 10~20년 빈도, 나머지 유역이 10년 이하의 빈도로 주로 경기, 강원, 인천, 충남, 충북, 전남, 전북, 경북 지역에서 극심한 가뭄 피해가 발생하였다.

우리나라에서 발생했던 또 다른 극심한 가뭄은 2001년 2월에서 6월 사이에 경기, 강원, 충북, 경북을 중심으로 발생한 가뭄이었다. 2001년 3월 기준으로 서울, 경기 및 강원 지역의 강수량이 평년보다 30~35mm 감소하였으며, 영남 및 전남 지역도 평년보다 40~90mm 감소하였다. 그해 강수량은 5월까지 지속적으로 평년보다 적었다. 그로 인해 발생한 가뭄 피해는 농업 피해 면적 30천 헥타르, 제한 급수 및 운반 급수 대상 인구가 304,815명이었다.

또 다른 극한 가뭄으로는 1994~1995년 가뭄으로서, 1994년 6월부터 1995년 7월까지 영남, 호남 지방을 중심으로 발생했다. 당시 전국 평균 강우량은 예년 평균의 76.4%였다. 댐 저수율의 경우 소양강댐, 충주댐 등 9개 다목적 댐 저수율이 30%를 기록하였으며, 용수 전용 댐 저수율은 25% 수준에 머물렀다.

전국 농업용 저수지 평균 저수율은 56%로 예년 평균의 67% 수준을 기록하였으며, 전국 농업용 저수지 17,894개소 중 1,626개소가 가뭄에 의해서 고갈되었다. 당시 피해 상황은 농업 피해 면적이 158천 헥타르(벼: 108, 밭: 50), 어종 159톤 폐사, 소규모 양계 폐사, 제한 급수 및 운반 급수 2,222,411명이었다.

이밖에도 1967~1968년, 1977~1978년, 1982년, 1988년, 2008~2009년 가뭄 등 몇 차례의 극심했던 가뭄이 있었으며 개략적으로 4~6년의 주기로 극심한 가뭄이 발생했다는 통계적 연구 결과가 여러 학자들에 의해서 제시되고 있다.

문명의 몰락과 가뭄

우리가 알고 있는 4대 문명인 메소포타미아, 인더스, 이집트, 황하 문명은 공통적으로 모두 큰 강을 끼고 발전하였고 지구의 북반구에 위치하고 있으며, 대부분이 기후가 온화하고 기름진 토지를 지닌 지역이다. 하천을 중심으로 찬란한 문화를 향유했던 4대 문명이 대가뭄에 의해서 멸망하게 되었다는 것을 아는 사람은 많지 않은 듯하다.

메소포타미아 문명은 티그리스 강과 유프라테스 강을 중심으로 번영한 고대문명으로서 기원전 2000년 전부터 1천 년 이상 이라크와 시리아, 터키, 이집트 일부 지역까지 다스렸던 바빌로니아, 아시리아 제국을 의미한다. 이 제국은 기원전 7세기에 발생한 대가뭄으로 급격이 넓어진 영토와 인구로 인하여 제국이 가뭄에서 벗어날 수 있는 능력을 크게 감소시켰으며, 반란과 봉기, 그리고 속국들의 독립으로 인해 정치·경제·사회적으로 갈등이 증폭되어 결구 제국의 지배력이 약화되었고 멸망에 이르게 되었다.

인더스 문명의 경우 인더스 강 유역을 중심으로 번영한 고대문명으로, 상류 고대도시 하라파와 하류 모헨조다로의 유적을 보면 상상을 초월하는 상하수도와 건축물로 꾸민 수준 높은 계획도시였다. 이런 시설과 건축 수준을 자랑하던 문명도 기원전 1500년경 여러 차례에 걸쳐서 빈번히 발생한 가뭄으로 모헨조다로 지역 등의 건조 지역이 늘어나게 되었다.

　토지의 건조화가 진행되면서 농작물 생산에 치명적인 타격을 입은 인더스 문명은 몰락의 길을 걷게 되었으며, 기원전 1000년경 사막화로 인하여 더 이상 사람이 살 수 없는 지역으로 변화하였다. 결국 인더스 문명은 멸망하고 말았다. 기원전 3200년경 나일 강 유역을 중심으로 형성된 이집트 문명은 장기간 지속된 극심한 가뭄으로 곡식이 줄고 화재가 빈번해지면서 극심한 기근에 시달렸고, 그로 인해 사람들은 인육을 먹는 지경에까지 이르면서 이집트는 몰락에 길을 걷게 되었다.

　마야 문명 역시도 몰락의 원인이 가뭄에 있다는 연구 결과가 발표되었으며, 중국의 경우에도 기원전 700~900년에 당나라 중기와 말기 사이에 강수량이 크게 줄고, 춥고 메마른 날씨가 중원 지역을 덮쳐 해마다 가뭄으로 건조해지면서 황하 주변의 곡물 생산 능력이 크게 감소하기 시작하자 식량 부족 현상으로 인해 농민 봉기가 잇따라 일어나면서 당나라는 멸망에 길을 걸었다. 이집트 문명, 메소포타미아 문명, 황하 문명, 잉카 문명 등 고대 문명 발생지는 현재 모두 사막으로 변해 있다.

이젠 극한 가뭄을 준비해야 할 때

　우리나라는 일찌감치 조선시대에 측우기와 우택을 통하여 강수량을 관측하였다. 우택은 측우기 개발 이전에 사용한 강수량 측정법으로 빗물이 토양에 스민 정도를 호미나 쟁기 등을 이용하여 젖은 흙의 깊이를 대강 측정하는 제도로 조선 초기부터 측우기를 발명할 때까지는 우택을 계속 사용하였다. 세종 때 측우기를 발명하였으며, 이 결과 15

세기 선반에 전국적으로 강우에 대한 과학적인 정량 측정을 개시하였다. 이후 임진왜란(1592년)과 고종 25년(1888년)의 화재 및 그 후의 전쟁 등으로 측우기에 의한 관측 기록이 소실되어 현재는 영조 46년(1770년)부터의 자료만 보존되고 있다.

우리나라의 가뭄과 관련된 역사적 기록은 삼국시대에도 있었음을 확인할 수 있지만, 정량적인 강수 기록에 의한 역사적 가뭄은 측우기 기록이 남아 있는 조선시대부터의 가뭄 기록을 과학적으로 확인할 수 있다. 우리나라에도 과거에 대가뭄이 발생한 적이 있는지의 현황을 파악하고자 가뭄 평가에 많이 이용되는 기상학적 가뭄 지수인 표준강수지수(Standardized Precipitation Index, SPI)를 산정해보았다. 표준강수지수(SPI)는 강수량을 통계적인 절차에 의해서 산정되는 가뭄 지수로서 산정된 지수의 범위가 양(+)의 값일 때는 습윤한 상태이고, 음(-)의 값을 나타낼 때 가뭄의 상황을 의미한다.

가뭄 상황의 장기 거동 및 장기 가뭄을 확인하기 위하여 60개월간의 누적 강수량을 이용하여 표준강수지수(60)를 산정하였다. 이 강수량 자료는 『승정원일기』와 『일성록』에 수록된 측우기 기록을 통해서 복원한 조선시대 서울 지점에 대한 강수량 자료(1777~1907년)와 기상청 종관 관측 지점(Automated Synoptic Observing System, ASOS) 중에서 100년 이상의 관측 자료를 보유하고 있는 서울관측소의 강수량 자료(1908~1949, 1953~2017)를 이용하여 산정하였다.

조선시대 말기부터 2017년까지의 표준강수지수(60) 산정 결과, 우리나라의 대가뭄은 정조 6년(1781년)과 고종 26년(1889년)에 있

표준강수지수(60)를 통하여 본 우리나라의 대가뭄

었다. 두 가뭄은 모두 10년 이상 지속된 것을 확인할 수 있으며 고종 때 발생된 가뭄은 약 20년 가까이 지속된 것으로 기록되고 있다. 두 가뭄 은 약 100년의 시간 간격으로 발생하였으며, 2014~2015년 가뭄도 고종 때 발생했던 가뭄과 약 100년 정도의 시간 간격을 보이고 있다. 가 뭄은 주기성을 갖고 있다는 학설이 여러 학자들에 의해서 제기되고 있 다는 점을 감안할 때 2013년부터 시작된 가뭄이 이미 예견된 가뭄이라 는 것도 무시할 수 없는 주장이다. 특히, 2013년을 기점으로 표준강수 지수 값이 지속적으로 급격한 하락세를 보이고 있음을 확인할 수 있으 며, 2013년부터 2017년까지 매년 연평균 강수량이 예년 평균에 크게 미치지 못하고 있다. 다행히 2018년에는 우리나라를 지나간 여러 개의 태풍으로 인해서 많은 강수량을 보였지만 과연 2019년, 2020년에도 부족한 강수량을 회복하기 위한 많은 강수량을 보일지는 아무도 예측 할 수 없는 상황이다.

앞에서 알아본 바와 같이 가뭄은 홍수, 태풍 등과 같은 자연재해와 달리 짧은 시간에 발생해서 특정 지역에 집중적인 피해를 유발하지는 않지만 반대로 매우 긴 시간 동안 천천히 진행되는 잠행(潛行)적 특성을 갖고 있으며 해외 사례에서 볼 수 있듯이 한번 발생한 대가뭄은 몇십 년간 지속되기도 하고 피해 면적 또한 매우 크기 때문에 가뭄에 의한 피해는 홍수나 태풍보다 훨씬 더 심각한 경우가 대부분이다.

특히, 가뭄에 대한 대책을 미리 세우고 준비하지 않는다면 다음 번 비가 올 때까지 기다리는 방법 외에 별다른 대안이 없게 된다. 그나마 우리나라는 여러 개의 다목적 댐을 유역별로 보유하고 있기 때문에 2014~2015년에 발생했던 1~2년간 지속된 가뭄에도 안정적으로 수자원을 공급할 수 있었다. 하지만, 이 가뭄이 가까운 미래에 4~5년 또는 그 이상 지속된다면 어떠한 현상이 발생할까? 아마도 서울과 같은 대도시에서도 제한 급수가 발생할 수 있을 것이며, 국민은 물 사용에 많은 제한을 받게 될 것이다.

인류의 문명이 가뭄으로 인하여 최후를 맞이한 것처럼 가뭄을 제대로 대비하지 않는다면 심각한 수준의 재앙을 피하지 못하게 된다. 국가는 가뭄 때에도 다음 강우가 공급될 때까지 최대한 안정적으로 물 공급이 가능하도록 다목적 댐 등으로 충분한 수자원을 확보해야 하며, 단일 수원에 의존하지 않고 지하수, 해수담수화 시설 등과 같은 다중 수원을 활용한 비상 용수를 확보해야 한다. 나아가 첨단의 지능형 물 공급 체계 및 광역 워터 그리드(Water Grid)와 같은 4차 산업 기술을 활용한 물 공급 및 관리 체계를 미리 구축할 필요가 있다.

또한 가뭄을 예측하고 감시하는 기술뿐만이 아니라 국가가 지금보다 더욱 적극적으로 가뭄 대책 수립과 관련된 기술 개발 및 연구에 투자를 아끼지 않아야 한다. 국민도 제한된 수량으로 하루를 버틸 수 있는 가뭄 훈련을 해야 하며 절수를 생활화하는 캠페인과 교육이 필요하다. 미국에서는 가물 때에는 세차도 할 수 없으며, 집 앞 잔디에 물을 주는 것도 법률로 통제하고 있다. 이러한 가뭄 훈련이 제대로 되어 있다면 보다 능동적으로 가뭄 기간을 버틸 수 있을 것이다.

우리는 가뭄을 인위적으로 막을 수도 없으며 가뭄이 왔을 때 필요한 만큼의 비가 내리게 할 수도 없다. 다음번 강우 때까지 버틸 수 있는 최소한의 수자원이 필요할 뿐이다. 따라서 수자원 확보를 위한 구조적인 대책과 함께 가뭄 훈련, 절수 제도, 연구 개발 투자와 같은 비구조적인 대책을 동시에 미리 준비한다면 가뭄에 의한 피해를 최소화할 수 있을 것이다.

참고문헌

국가가뭄정보센터(http://drought.kwater.or.kr).
국가기록원(http://www.archives.go.kr).
연합뉴스(http://www.yonhapnews.co.kr).
제주 재난안전본부(http://bangjae.jeju119.go.kr).
티브이데일리(http://tvdaily.asiae.co.kr).
헤럴드경제(http://biz.heraldcorp.com).
Australian Government Bureau of Meteorology(http://www.bom.gov.au).
EarthSky(http://earthsky.org).
Center for Climate and Resilience Research (2015), "The 2010~2015 Mega-drought:
    A Lesson for the Future."
박창용, 이혜은 (2007), 「삼국시대 가뭄 및 호우에 관한 연구」, 『기후 연구』 2권, 2호, 건국대학교
    기후연구소, 94~104쪽.
Dai, A. (2010), "Drought Under Global Warming: A Review", John Wiley & Sons, Ltd.,
    Issue 1, vol. 2, pp. 45~65.
Erfanian, A., Wang, G., Fomenko, L. (2017), "Unprecedented Drought Over Tropical
    South America in 2016: Significantly Under-predicted by Tropical SST.",
    Scientific Reports, doi: 10.1038/s41598-017-05373-2

이주헌

경희대학교 토목공학과를 졸업하고 동 대학원에서 공학 박사학위를 받았다. 1997년부터 중부대학교에 재
직하면서 주로 "기후변화에 의한 수문영향 평가 및 적응대책 마련", "국가가뭄정보시스템 구축 및 홍수예
경보시스템 구축" 등과 같은 수자원 및 방재 관련 연구를 다수 수행하였다. 대외적으로는 국민안전처 재해
복구사업 사전심의위원회 위원, 금강유역환경청 금강수계 물환경 관리위원회 위원, 충청남도, 대전광역
시, 세종특별자치시 지방하천관리위원회 위원 등을 역임했다. 현재 중부대학교 건축토목공학부 교수로 재
임하고 있으며, 가뭄연구센터 센터장, UNESCO IHP 한국위원회 부위원장, 서울특별시, 충청남도, 고양
시 건설기술심의위원, 충청남도 산업단지심의위원, 국토교통부 대전지방국토관리청 설계자문위원 등으로
활동하고 있다. 『수리학』(청문각), 『수문학』(청문각) 등의 집필에 참여하였다.

녹조, 정말 해결책이 없나?

권형준 한국수자원공사 소양강지사장

해마다 되풀이되는 녹조

2018년에도 녹조(綠藻) 문제가 주요 이슈가 된 한 해였다. 특히, 2018년은 예년보다 뜨거운 여름이 지속되었고 태풍도 비껴가 비가 오지 않는 상태에서 하천 물까지 녹조가 심각해져 물 관리가 더욱 어려운 시기였다. 더구나 물 관리의 주관 부처를 환경부로 변경하는 물 관리 일원화 과정에 있었고, 보(洑)의 수문(水門) 개방에 대한 논의가 본격화되었기에 그 어느 때보다 녹조 문제가 주요 이슈로 제기되었다.

필자가 물 관리 기관인 한국수자원공사(K-water)에 입사하였던 1987년에도 여름철에 댐 저수지에 녹조가 발생하면서 녹조 제거를 위한 연구와 기술 개발 등 다양한 노력들을 추진했던 것을 기억한다. 30년이 지난 오늘까지도 녹조 문제는 해결되지 않고 도리어 더 심각해지는 모습을 보이고 있다. 사실 어떤 면에서는 잘못된 처방들이 중구난방으

로 제시되면서 도리어 문제 해결을 가로막거나 지연시키는 결과를 가
져오기도 한다. 이런 측면에서 녹조에 대한 과학적이고 체계적인 정리
나 분석 없이 단편적인 해결책들만 난무한 가운데 정치적인 이슈로 변
화되면서 본질적인 해결책을 찾기 어려운 상황이 되었다.

그동안 녹조의 원인과 해결 방안에 대하여 많은 연구와 기술 개발
노력이 있었지만 성과는 아직 미흡하다. 그 이유는 녹조의 주요 원인인
수온, 햇빛, 강수량, 영양 물질인 영양염류(營養鹽類)[1] 그리고 유속(流
速)과 관련된 체류(滯留) 시간 등 과학적 요소 중심의 문제 해결 방식을
간과해왔기 때문이다. 예컨대 인위적 조건인 주변 환경의 변화에 대한
무감각, 제도적 결함의 해소 노력 부족, 그리고 오염원 제거나 체류 시간
감소를 위한 노력의 부족 등이다. 즉, 4대강 사업으로 대형 보(洑)를 많
이 건설하면서 전반적으로 하천의 물이 체류하는 시간이 늘어나 녹조가
번성할 수 있는 여건이 생겼다. 그런데, 지역 개발이나 주변 환경의 변화
에 따른 새로운 오염원이나 농촌 지역으로부터 나오는 가축 분뇨 등을
감소시키는 노력과 보(洑) 개방과 관련한 체계적인 계획은 미흡했다.

녹조 현상이란 무엇이며 왜 생기는가?

녹조 현상은 하천이나 저수지에서 녹색 또는 남색을 띠는 식물
성 플랑크톤인 조류(藻類)가 대량 번식하여 물의 색깔이 녹색으로 변

---

1 물에 포함되어 있는 영양 물질로 인(燐), 질소, 규소 등의 염류의 총칭이다. 물속의 영양염류량은
식물성 플랑크톤의 양을 좌우한다.

하는 현상을 말한다. 우리나라의 경우 대체로 여름철 장마기 이후 또는 폭염이 발생할 때부터 번성하기 시작하여 통상 7~9월까지 이어진다. 녹조가 문제가 되는 것은 심미적인 것도 크지만 녹조 현상으로 인해 원수(原水)와 수돗물에서 이상한 냄새와 맛의 변화를 느낄 수 있다. 또한 녹조류가 대량으로 발생해서 소멸할 때 독소 물질을 분비하는 종(種)이 발생할 위험이 있다. 댐 저수지의 경우 여름철 높은 수온으로 인해 저수지 상층과 하층의 물이 섞이지 않아 저수지 심층부의 용존 산소(Dissolved Oxygen)가 고갈되면서 철, 망간 등의 금속이 용출되는 현상이 발생하기도 한다.

녹조류는 아니지만 갈색을 띠는 규조류는 정수장의 여과지 필터막(膜)에 들러붙어 수돗물의 정수 처리를 어렵게 하기도 한다. 녹조 문제가 심각하다보니 우리나라에서는 녹조를 재난으로 분류하고 있지만 실질적으로 재난 관리 측면에서 녹조를 관리하는 것은 아니며 단지 물 관리의 측면으로 여기고 있다.

그러면 녹조는 왜 생기는가? 녹조 현상의 과학적 원인은 다양하다. 조류 역시 생명체이기 때문에 단순한 몇 가지 원인으로만 발생, 성장, 소멸하지는 않으며 여러 요인들의 복합적인 상호작용으로 발생한다. 녹조 현상의 다양한 요인들 중 햇빛, 기온, 수온, 유기물질, 영양염류, 체류 시간과 유속, 오염물질의 유입 패턴 등이 중요하다. 어쨌든 녹색을 띠는 식물성 플랑크톤의 과다한 증가가 원인인데 식물성 플랑크톤의 성장에는 영양염류인 인과 질소가 필수적인 요소로 이 영양 물질인 영양염류가 녹조의 양을 좌우한다. 결과적으로 영양염류는 녹조의 먹이인 음식물인 셈이고 햇빛, 수온, 체류 시간은 녹조가 편안히 생활할 수 있도록 해주는 생활 조건인 셈이다. 그런데, 이 영양염류는 주로 농촌 지역에서 나오는 가축의 분뇨나 비료 살포 등으로 인해 하천에 들어오며, 체류 시간은 수체(水體, Water Body)의 형상 등에 따라 다르지만 동일 조건 하에서 체류 시간이 긴 하천은 유속이 느려져서 녹조 발생에 좋은 조건을 제공한다.

4대강 사업 이후 수질은 어떻게 변화했는가?

4대강 사업 이후 물과 관련된 각 부문에서 많은 환경 변화가 이루어졌다. 4대강 사업으로 16개의 대규모 보(洑)와 총인 처리시설 등을 설치하였고 하천 바닥을 준설하여 퇴적되어 있던 오염토를 제거하면서 하천의 수심이 깊어지고 물을 많이 확보할 수 있게 되었다. 4대강 사업은 오염토를 제거하고 상류 지역에 많은 수질 개선시설들을 설치하여 물의 양을 확보하는 등 수질에 긍정적인 부분도 있지만, 물이 많아지면서 물 면적이 넓어지고 보(洑)로 인해 물의 흐름이 지체되는 등 과거에 비해 녹조가 번성할 수 있는 여건도 마련되었다.

하천의 수질은 다양한 요인에 의해 결정된다. 다른 요인들이 변화가 없다면 수질 측정 지점에 따라 다르다. 수질을 측정할 때 정부에서 정해놓은 수질측정망이나 대표적인 측정 지점 간 비교를 하게 되는데, 이 대표 지점 역시 그 하천 전체의 모든 지점의 수질을 나타내는 것은 아니다. 예를 들어, 한강의 경우 북한강과 남한강의 수질은 다를 것이며 같은 강이더라도 상류 지역, 중류 지역, 하류 지역 모두가 제각각이다. 하천

지형에 따라 어느 지역은 물이 정체되는 구간도 있으며 상층부와 하층
부의 물이 섞이지 않는 구간도 있다. 결과적으로 같은 지점에서 같은 시
기(예를 들어, 전년도 같은 시기)를 기준 시점으로 정하더라도 기준 시
점과 비교 시점과의 날씨, 강우량, 오염 발생 요인, 하천의 상태와 주위
여건에 따라 측정치가 달라지는 만큼 이런 다양한 요인들을 고려하여
수질 비교를 할 필요가 있다. 특히, 하천 주변의 도시나 공업단지, 그리
고 농·축산단지 개발은 하천 수질에 지대한 영향을 미치고 있다.

일반적으로 4대강 사업 이후 수질이 나빠진 것으로 알려져 있는데,
사실 4대강 사업 이후 전반적으로 수질이 개선됐다는 조사 결과가 많
다. 물론 좋아진 지역도 있고 도리어 악화된 지역도 있다. 어느 지역은
녹조가 없어졌지만 도리어 어떤 지역은 이전보다 녹조가 번성한 지역
도 있다. 이는 그 지역을 둘러싼 다양한 특성들에 의해 결정되는데, 4대
강 사업 전후의 수질 변화를 비교하기 위해 용존산소, COD, BOD 등 8
개[2]의 수질 항목을 이용하여 분석한 결과 4대강 16개 보(洑)의 수질은
4대강 사업 전에 비해 개선된 곳이 44%, 동일 42%, 악화 14%로 조사
되었다(대한환경공학회, 2018).[3]

또한, 4대강 사업을 추진한 지역과 사업을 진행하지 않은 지역을
상대 비교한 결과에 따르면, 4대강 사업 전후 기간에 4대강 사업을 한
곳과, 임진강·한탄강·동진강·태화강 등 4대강 사업을 하지 않은 8개

---

2 용존산소, COD, BOD, 부유물질, 총질소, 총인, N/P비, Chl-a.

3 현 정부 출범 이후 감사원 감사 과정에서 분석한 내용으로 기존의 다른 보고서보다 가장 광범위하게
연구되었다.

[표 1] 16개 보(洑)별 수질 개선 및 악화 지표 수

구분	개선	유지	악화	합계
4대강 전체	56(44%)	54(42%)	18(14%)	128(100%)
한강	10	14	–	24
낙동강	24	26	14	64
금강	9	3	4	16
영산강	56	54	18	128

강의 수질 변화를 분석한 결과 4대강의 수질 개선 효과가 더 큰 것으로 나타났다.[4] 결과적으로 4대강 사업 이후 전반적으로 수질이 개선되었다고 할 수 있다. 특히, 한강과 금강은 악화된 지표가 없는 데 반해 낙동강과 영산강이 상대적으로 악화된 지표가 있다는 것은 낙동강과 영산강의 특수성에 기인할 수 있는데, 하수처리장 고도화 등 4대강 사업으로 수질 개선 투자가 상당히 이루어졌음에도 악화된 지역의 원인으로는 비점오염원에 의한 영향이 큰 것으로 분석되고 있다.

조류 발생 원인은 물리적·화학적 요인과 수리(水理)·수문(水文)적 요인들이 다양하게 연계되어 있다. 녹조를 일으키는 수계(水系)별 주요 요인으로 동 보고서에서 제시하고 있는 것들을 보면 [표 2]에서 알 수 있듯이 수온, 기온 및 영양염류는 전 수계에 모두 영향을 미치고

---

4   서울대학교 경제학과(2018. 6).

[표 2] 수계별 조류(藻類) 번성 원인

구분	수온	기온	영양 염류	수리(水理)·수문(水文) 요인			유기물 등
				체류시간	방류량	유입량	
한강	○	○	○	○	-	-	○
낙동강(상류)	-	-	○	○	-	-	-
낙동강(하류)	○	○	○	-	-	-	-
금강	○	○	○	-	-	-	-
영산강	○	○	○	-	-	-	-

있으며 체류 시간은 한강과 낙동강 수계에서 영향을 발휘하고 있다. 낙동강은 유기물과 댐 방류량, 그리고 유입량도 주요 원인으로 나타난다.

체류 시간의 감소를 통한 수질 개선을 위해 2015년과 2016년에 실시한 총 19회의 보(洑) 개방과 방류 결과는 보(洑)에 따라 하천 상층부에서는 희석 효과가 있었지만 보(洑)의 전 구간에서는 미미한 것으로 나타났고, 2017년 11월 이후 실시된 연속 방류 효과를 보면 낙동강 하류 구간과 금강은 개선된 반면 영산강은 도리어 나빠지는 결과를 보였다.

또 다른 원인은 없나?

수질 변화를 분석할 때 하천의 외부 환경 변화에 대한 고려 없이는 분석이 정확할 수 없다. 하천의 수질을 보호하기 위한 하천 영역에서 다양한 노력들이 진행된다 하더라도 상류 지역의 개발에 따라 다량의 오염 부하가 발생한다면 수질이 악화될 수밖에 없다. 사실 도시 개발이나 오염을 용인하는 농업 부문의 생산 방식에서 나오는 오염 부하가 하천 오염의 상당한 부분을 차지한다. 강원도의 대규모 고랭지 채소밭에서 발생하는 엄청난 양의 비료 퇴적물과 토사 유출로 하천이 황토색을 띠며 부유 물질들이 하천에 유입되는 경우가 대표적 사례이다.

이와 마찬가지로 환경 기초시설의 부적정한 관리가 또 다른 하나의 수질 오염의 원인이다. 즉, 하천에 들어오는 오염물질을 처리해야 하는 하수·폐수 시설이 제대로 가동되지 않아 하천 수질이 악화되었다면 수질 문제가 아닌 시설관리 문제로 접근해야 하는 것이다. 여름철 폭우로 인해 하수처리장의 기계장치들이 침수되어 가동하지 못해 하수·폐수를 처리하지 못하고 하천에 처리되지 않은 하수·폐수가 쏟아져 들어오는 경우 수질 악화는 불가피하다.

2012년 8월은 유난히 녹조가 많이 발생하였다. 평소에는 녹조가 발생하지 않는 구간에서조차 녹조가 발생하여 사회적으로 문제가 되었다. 특히 그 구간은 팔당댐 상류의 상수원보호구역 일대여서 수도권 상수원의 수질을 결정하는 핵심 지역이었다. 항공 촬영과 심층 분석을 통해 밝혀진 그 원인은 시설 문제였다. 즉 경기도의 한 지방자치단체 하수종말처리장이 하수 처리에 필요한 용량보다 작게 만들어져 하수를 다 처리하지 못한 채 처리되지 않은 하수를 한강 본류로 보내면서 여름철 기온 상승과 강우량 부족 등과 겹쳐서 녹조가 발생한 상황이었다.

이처럼 중앙정부와 지방자치단체의 연계되지 않은 정책 실행도 수질 오염을 일으키는 원인이 된다. 중앙정부에서는 하수처리 용량을 적정량으로 증설하는 것으로 '오염총량관리계획'을 승인하였지만, 지방자치단체에서는 지역의 개발 등의 수요로 인해 일정량만 '하수도정비기본계획'에 반영하여 결과적으로 하수처리시설의 설치 용량 감소로 인해 삭감부하량을 축소하거나 '오염총량관리계획'이 변경되어 당초의 유역별 목표 수질을 달성하기 어렵고, 하수를 모두 처리하지 못하는 규모의 하수처리장이 운영되기도 한다. 또는 유입된 하수에 적정한 오염물질이 있어야 하수처리장이 생물학적 처리를 할 수 있는데 유입되는 하수에 미생물이 적어 하수처리장을 가동하기 위해 다른 지역에 있는 오염물질을 갖고 와서 대체 투입하면서 그 하천이 오염되는 경우도 있다는 것은 하천 밖에서 수질 오염을 야기하는 다양한 요인들이 존재한다는 것이다.

4대강 사업과 관련해 한강수계 일대에 설치된 총인처리시설이 애초 설계만큼 수질 개선 효과를 내지 못하는 등 녹조의 먹이가 되는 인(燐)을 걸러내는 장치가 제 역할을 못하는 사례들도 많았다. 4대강 사업 이후 녹조가 확산되자 인(燐) 수치를 낮추기 위해 정부에서는 '하수도법'을 바꿔 방류수의 총인(T-P) 농도를 최대 10배[5]나 강화했다. 그런데 지역의 실정에 맞는 공법 선정이나 충분한 시험 운영 없이 서둘러 시설을 만들도록 하면서 지방자치단체는 이런 기준을 맞추지 못해 총인(T-P)이 법적 기준치를 초과하여 배출되거나 법적 기준치 이내지만

---

5 2.0mg/l에서 0.2~0.5mg/l로 강화.

설계 기준을 초과해 배출되는 경우도 많았다.

가장 문제가 되는 오염원은 하천 상류에 있는 농촌 지역에서 나오는 오염들이다. 농촌 지역의 오염들을 대부분 처리되지 않고 그대로 하천에 들어온다. 대청댐의 경우 지난 10여 년간 거의 매년 조류경보(藻類警報)가 발생되었다. 대청댐 녹조는 충북 청주의 문의, 대전의 추동, 충북 보은의 회남, 그리고 충북 옥천의 추소리 등 네 곳의 수역에서 집중적으로 관찰되는데, 해마다 대청댐에서 녹조가 가장 먼저 발생하는 지역이 충북 옥천군 군북면 추소리이다. 이곳은 금강의 지류 소옥천이 유입되는 지역으로 소옥천은 대청댐의 녹조 부하물질인 '총인(T-P)' 부하량의 약 70%가량을 차지하고 있다.[6] 유역에 산재한 축사 때문에 가축 분뇨의 유입이 많은 데다 옥천군의 생활하수를 처리하는 옥천하수처리장의 배출수가 들어오는 지역이다. 더구나 이 지역은 바위 절벽이 물길을 가로막는 심한 사행천(蛇行川)이다 보니 물 흐름이 많지 않고 수심도 얕아 장마철 전후로 녹조가 발생한다. 그런데, 대청댐에서 가장 상류 지역이어서 취수탑과는 거리가 상당히 떨어져 있다 보니 공식적인 조류경보 발령 지역에서는 제외되어 있다.

소옥천 주변 농가들은 가축 분뇨를 거름으로 사용하면서 분뇨를

---

6   소옥천 주변 한우 농가는 약 200여 곳이며, 축사 주변에 쌓아둔 방치 축분이 연간 4천여m³이다. 소 배설물인 분뇨 속에는 녹조 유발 물질인 '총인'이 들어 있는데, 방치 축분 4천여m³에서 발생되는 '총인'은 6.6m³이고, 농가에서 소 분뇨로 퇴비를 만드는 과정에서 나오는 '총인' 배출 부하 양은 연간 5.1m³에 달한다 (환경부 오염원 조사 결과).

쌓아두고 썩혀서 퇴비를 만들거나 소의 분변을 건조시켜 농경지에 뿌리며 농사를 짓고 있다. 농민들은 고추나 콩뿐만 아니라 벼 재배에도 소 분변이 필수적인 거름이라고 생각해 영농철에 소옥천 주변 농경지에는 소 분변이 곳곳에 뿌려져 있어 비가 오면 분변에서 검붉은 물이 흘러나와 이 오염된 물은 대청호로 흘러 들어간다.

유사한 사례가 심각한 녹조 문제를 안고 있는 영주 다목적댐이다. 영주댐 역시 녹조의 주원인은 댐 상류 지역에 산재해 있는 농가에서 나오는 가축 분뇨이다. 그동안 댐 관리자인 한국수자원공사도 댐 상류 지역에 쌓여 있는 가축 분뇨를 제거하기 위한 많은 노력을 해왔지만 기존의 농업 생산 방식을 당연시하는 농업 부문의 쇄신 없이는 근원적으로 문제의 해결이 어려운 상태이다. 그러다 보니, 상류에 있는 축산 오염원들을 제거하는 노력보다는 녹조 제거를 위해 영주댐을 개방하거나 댐을 해체하자는 의견들도 많이 있다. 그러나 상류의 오염원들을 제거하지 않은 상태에서 댐 수문 개방을 통해 댐에 갇힌 녹조 덩어리들을 하류로 내려 보내게 되면 결국 낙동강의 어느 지점에 녹조가 번성하는 결과를 초래할 것이다.

누가 녹조와 관련 있나

1) 한국수자원공사

녹조와 가장 관련이 많은 기관인 한국수자원공사는 다목적댐과 대형 보(洑)를 건설·관리하면서 물을 공급하고 있다. 그동안 한국수자원공사가 효율적인 물 관리와 녹조 문제 해결을 위해 많은 노력을 해왔지만 오랜 기간 동안 수량 관리와 수자원 개발 중심의 물 관리 방식에 익숙해져 수질 관리와 환경 관리를 고려한 통합적인 물 관리를 구현하지 못하였다. 예를 들어 4대강 사업을 직접 수행하면서 4대강 사업과 물 관리에 대한 명확한 방향성 없이 정부의 지시를 단순히 이행하는 형태로 사업을 하는 등 물 관리 전문기관으로서의 역할에 미흡했다. 이로 인해 4대강 사업으로 인해 불가피하게 발생할 수밖에 없는 하천 수질의 부정적인 영향 등에 대하여 사전에 예측하여 개선할 수 있는 대안들을 제시하지 못한 채 4대강 사업을 추진하여 물 관리와 관련한 많은 논란을 제공하였다. 상류 지역의 오염원에 대한 철저한 대책을 세우지 못하고 영주댐을 건설하여 영주댐이 제 기능을 발휘하지 못하는 것도 하나의 사례이다.

물론 한국수자원공사의 법적인 기능상의 제한으로 한국수자원공사가 업무 영역 밖에서 벌어지는 각종 오염 행위들을 감시하고 통제할 수 없다는 한계는 있었지만, 근본적으로 이러한 문제들과 영향들을 사전에 파악해서 예방할 수 있도록 공론화하고 합리적인 대안들을 제시하여 관련 기관들로 하여금 녹조 예방에 동참할 수 있도록 하지 못했다. 결국 수량과 수질, 환경을 통합적으로 관리하지 못했으며 문제점을 공론화하여 해결책을 찾는 노력도 부족했다. 그럼에도 녹조 문제를 직접 다루고 해결해야 할 임무가 물 관리를 총괄하고 있는 한국수자원공사에 놓여 있는 만큼 통합적인 시각에서 책임감 있는 노력이 필요하다.

2) 중앙정부와 지방자치단체

오랫동안 국토교통부와 환경부의 이원화된 물 관리 체계 등으로 인해 녹조 문제를 종합적인 관점에서 다루지 못하였다. 이제 환경부가 물 관리의 주무 부처로 정해진 만큼 좀 더 체계적인 녹조 관리가 이루어질 수 있는 여건은 마련된 셈이다. 지금까지의 환경부 중심의 녹조 대책을 보면 보(洑) 수위 조절, 총인처리 강화, 가축 분뇨 처리시설 확충, 축산계 오염 관리 철저, 토지계 비점오염 저감, 녹조 감시, 조류경보제, 정수 처리 강화, 그리고 유역 거버넌스와 과학적 관리 등을 주요 내용으로 하고 있다(환경부, 2018).

녹조 문제는 물 관리를 떠나 농업 부문에 대한 체계적인 관리까지 이루어져야 한다. 농업 부문으로부터 나오는 오염 부하를 해결하지 않고서는 녹조 문제를 해결하기가 어렵기 때문이다. 따라서 농림축산식품부의 책임 있는 역할이 중요하며 이를 위해선 환경부와 농림축산식품부의 협력 체계를 대폭 강화하여야 한다. 영양염류 저감을 위해선 농업인들의 가축 분뇨를 이용한 농업 방식을 전환시켜야 한다. 수질 오염을 일으키는 행위에 대해선 강력한 조치도 필요하다.

중앙정부의 계획은 지방자치단체가 실행할 수 있도록 지방자치단체의 역량을 고려한 실행이 중요하다. 정책의 취지는 좋지만 각 지역 단위에서 실행하기 어려운 정책들이 많이 있다. 지역마다 환경 여건이 다르고 물 관리에 대한 입장도 다르기 때문에 모든 지역에 일률적으로 적용하는 기준 설정 등은 부작용이 클 수 있다.

지방자치단체의 녹조에 대한 책임의식은 대폭 강화되어야 한다. 각종 시설물 건설과 관련한 인·허가권을 갖고 있으면서 오염을 통제·관리하지 못하고 있다. 특히 지방자치단체들은 해당 지역에서 발생하는 오염원들을 처리하고 관리해야 할 책임이 있음에도 지역민들의 오염 행위를 민원 사항으로 간주하여 녹조 개선을 위해 꼭 해야 할 규제에 소극적인 태도를 보이면서 수질 개선 노력에 있어 방관자의 입장에 있다.

3) 오염 원인자

녹조 문제의 큰 원인을 제공하는 주체들 중 하나인 지방자치단체들은 정책의 실행자이면서 오염의 원인자이기도 하다. 처리 능력이 부족한 하수·오수 시설을 설치하는 등 해당 지역에 필요한 하수·오수 처리장이나 하수관거를 충분히 설치하지 못한 채 운영하면서 그나마 설치된 시설 관리조차 부실하게 하여 처리장이 제 기능을 하지 못해 오염을 일으키는 경우가 많다. '비점오염 저감시설'이 설치되지 않아 비점오염원들이 제대로 처리되지 않은 채 하천에 들어와 수질 오염을 일으키는 등 각종 건축물의 건축 허가 과정에서 철저한 검사와 확인이 이루어지지 않아 오염을 가중하기도 한다.

녹조 문제의 또 다른 오염원은 농업 분야의 비점오염원인데 주로 소규모 농업인들에 의해 이루어지는 오염 행위가 주된 원인이다. 이들은 자신만의 농업만을 생각하여 사회적 오염에 대한 책임의식이 부족하다. 따라서 오염 행위의 저감 노력이 상당히 미흡할뿐더러 지속적으로 오염을 일으키고 있다.

이외에도 우리 모두가 생활하면서 일으키는 여러 행위들이 결과적으로 하천의 오염을 야기한다는 측면에서 우리 모두 일정 부분 오염의 원인을 제공하고 있다.

4) 전문가 그룹(학계, 연구계 등)

그동안 녹조 문제 해결에 있어서 전문가들의 역할이 미흡했다. 전문가들은 그들의 영역 안에서 좁은 시각으로 문제를 바라보고 해결하려는 모습을 보여 왔다. 특히 타 분야에 대한 이해 부족으로 복합적인 요인들에 대한 인식이 부족한 상태에서 자기 분야 중심의 문제 해결 방안을 찾다보니 실행 가능한 방안들을 제시하지 못하였다. 결국 전문가끼리도 같은 현상을 진단하면서 상반된 논리와 이론으로 상반된 해답을 제시하는 등 공감할 수 없는 내용들을 생산하곤 했다.

예를 들어, 수자원 전문가는 수량 측면에서만, 수질 전문가들은 수질 측면에서만, 생태 전문가들은 생태 측면에서만 녹조 문제를 접근하면서 실행 가능한 해법들을 도출하지 못하였다. 또한 전문가들은 녹조 문제를 다루는 데 있어서도 일반적인 요인 이외에 도시 개발 요인이나 부실한 시설 관리(하수·오수·폐수 처리시설) 등 과학 밖의 요인들에 대한 인식도 부족했다. 이를테면 핵심 오염원인 농업 부문으로부터의 오염에 대한 분석이 미흡한 상태에서 단순히 주어진 요소와 조건에서 녹조 문제를 분석하려는 방식에 익숙해져 있었다. 결과적으로 녹조의 다양한 원인과 수질에의 영향에 대한 신뢰도 높은 연구 결과를 제시하지 못한 채 단편적인 현상을 설명하는 정도의 결과만 제시함으로써 정

책의 기초가 될 수 있는 근거를 제공하지 못하였다는 점이 아쉬운 부분
이다.

5) 환경단체 등 NGO (비정부기구)

환경단체 등 NGO는 녹조 문제를 이슈화하여 국가적인 논제로 만
들고 환경에 대한 국민적인 공감대를 형성하는 등 환경 개선을 위해 많
은 노력과 기여를 하였다. 하지만, 녹조의 원인 제거 등 근본적인 해결
방안을 찾기보다는 녹조 문제를 보(洑) 개방이나 댐 철거 등 정치적인
이슈로 변화시키도록 하여 근본적인 해결책을 마련하는 것을 어렵게
만든 측면이 있다. 즉, 물을 확보하고 이용하면서 수질 개선도 함께 할
수 있는 대안이 없이 'All or Nothing'이라는 입장으로 녹조 문제에 접
근함으로써 실행력을 확보하지 못하였다.

예를 들어 이들은 녹조 문제의 해결을 위해서 보나 댐의 수문 개방
또는 해체를 주장하였지만 이로 인해 발생하게 될 용수 부족 문제, 지하
수위 저하 등으로 인한 농사의 어려움 해소를 위한 해결책을 제시하지
못하다 보니 실행 가능한 수질 개선 대안을 제공하지 못하였다. 특히 여
름철에 비만 오면 하천에 들어와 수질 오염을 일으키면서 녹조 현상을
가중시키는 엄청난 양의 쓰레기에 대한 문제 제기가 미흡하였고, 하천
수질 오염의 가장 큰 요인인 농업 부문의 각종 오염 행위를 생업이라는
측면에서 당연시하면서 녹조의 해결책을 부차적인 원인에서 찾으려고
하여 문제 해결의 가능성을 낮추는 결과를 초래하였다.

사실은 하천이 문제가 아니라 하천에 들어오는 오염물들을 생산해

내는 도시계획이나 각종 개발 행위, 오염물질의 배출을 당연시하는 농업 생산방식 등에 대한 문제제기를 위한 노력이 수문 개방 노력과 병행해서 이루어졌다면 실행력을 확보하는 대안을 도출할 수 있었을 것이다.

해결책은 없나?

'자연성 회복'이라는 스마트한 용어 뒤에는 우리가 감내해야 할 다양한 노력과 많은 투자와 비용이 필요하다. 물 문제의 원인을 치유하는 데 있어서 단편적인 접근은 도리어 문제를 어렵게 만든다. 녹조 현상의 해결에 있어 용수 공급이나 물 확보라는 측면을 무시한 채 단지 하천에 녹조가 생기지 않도록 하는 방안을 모색한다면 그것은 어리석은 일이다. 하천에 물을 가두지 않고 모든 보(洑)와 댐을 개방한다면 대부분의 하천이 여름철을 제외하고는 말라 있을 것이므로 녹조를 크게 걱정하지 않아도 될 것이다. 그 대신 하천에 물이 없어 물을 확보해야 하는 더 큰 문제가 남는다. 하천에 물이 없다면 약간의 수질 오염에도 하천은 제 기능을 하지 못한다. 현재 우리나라의 도시 외 지역의 하수처리율은 50% 수준이다. 그런 점에서 상류 지역의 처리되지 않은 오수·폐수가 유입되면 그로 인해 도시 옆 하천까지 오염되어 하천의 기능을 상실할 것이다. 따라서 적정한 양의 물이 확보되어야 한다. 그 물을 생활과 산업활동에 이용하면서 녹조 문제도 풀어가는 해결책이 필요하다.

2018년에는 대청댐의 녹조 문제를 해결하기 위해 댐의 수문을 개방하자는 의견도 있었다. 그런데, 대청댐의 수문을 개방한다 해도 물이 하류로 내려가면서 유속이 느려지게 되고 하천 전체로 보면 물이 정체되는 지역도 있어서 녹조는 언제든지 발생할 수 있다. 결국, 계속되는 상류 지역의 오염으로 인해 대청댐 하류 금강의 수질 역시 녹조 현상으로부터 자유롭지 못할 것이다. 아울러 댐 수문을 개방하고 물을 방류하여 녹조 문제가 일부 해소된다 해도 더 큰 문제는 불가피하게 흘려보내는 대전·충청권에 필요한 엄청난 양의 물을 확보할 방법이 없다는 것이다. 사실, 대청댐의 녹조 현상은 상류의 특정 지역과 지천(支川)의 오염으로 인해 주로 발생하기 때문에 해당 지역의 오염물 차단이 중요한 과제이다. 따라서 우선 해당 지역으로부터의 오염물질 유입을 차단하면서 체류 시간을 줄이는 노력의 일환으로 댐 수문 개방을 시기별로 조정한다면 적절한 해결책이 나올 수 있다.

4대강에서 녹조의 근본 원인인 하천 오염물질을 방치한 상태에서 보의 수문 개방만으로 녹조가 해결되리라고 기대해선 안 된다. 하천에 물이 없어 녹조는 없어지겠지만 또 다른 문제가 야기되기 때문이다. 특히 4대강 지천이나 상류 특정 지역에서의 오염원으로 인해 4대강 본류까지 확대되는 만큼 본류에 대한 처방보다 지천이나 특정 지역에 대한 처방이 우선되어야 한다.

최근 4대강의 자연성 회복과 관련하여 금강·영산강의 일부 보(洑)를 해체 또는 상시 개방하는 내용의 정책 발표가 있었다. 보(洑)가 물 관리에 부정적인 역할을 많이 한다면 보(洑)의 과감한 해체도 필요하다. 다만, 해당 지역에서 녹조의 근본 원인이 무엇인지 명확히 진단하여 녹조의 근본 원인을 제거할 수 있는 방안을 같이 고민하면서 보(洑) 해체나 개방에 대한 의사결정이 이루어질 필요가 있다. 녹조의 원인인 상류지역 또는 지천(支川)의 오염원을 그냥 방치하는 경우 보(洑) 해체나 개방이 궁극적인 해결책이 될 수 없기 때문이다. 녹조의 원인과 상황은 지역마다 다르고 해결 방식도 다를 수 있다. 보(洑)를 해체하거나 개방해서 녹조 문제를 해결할 수 있는 지역도 있다. 하지만 하수처리 용량이 작은 하수처리장을 확장하거나 하·오수 처리 방식을 알맞은 방식으로 바꿔야 할 지역도 있으며, 상류 축산농가의 분뇨를 제대로 처리하고 분뇨를 이용한 농업 방식을 바꿔야 비로소 녹조가 해결될 수 있는 지역도 있기 때문이다.

무엇부터 해야 하나?

우선 4대강 사업 이후 수질이 개선되지 않고 악화된 지점을 중심으로 해결 방안을 모색할 필요가 있다. 녹조가 발생하고 수질이 악화된 지점은 지점별로 다양한 요인들이 존재하는 만큼 해당 지점 중심의 해결책을 마련해야 한다. 제한적이지만 보 개방에 따른 수질 개선 효과가 그리 크지 않은 것으로 나타났다는 점에서 보 중심의 문제 해결이 아닌 악화된 지점별 맞춤형 수질 개선 노력이 필요하다. 4대강 본류의 녹조는 대부분 지천(支川)으로부터 발생하여 확산된다는 점에서 지천 중심의 오염원 관리에 집중하여야 한다.

녹조의 핵심 원인은 하천에 유입된 고농도의 오염물질이란 점에서 고농도의 오염물질을 제거하는 정책이 우선되어야 한다. 농업이라고 해서 하천 오염을 정당화하는 명분이 될 수 없다. 하천의 수질을 악화시키지 않는 범위에서 농업도 이루어져야 한다. 환경 개선의 차원이 아닌 농업 생산 방식의 혁신이 필요한 시점이다. 가축 분뇨를 이용한 농업 방식을 제한하여야 한다. 보조금 지불 정책 등과 연계한 오염원(汚染源)인 농경지의 휴경 조치도 필요하다. 이를 위해서는 환경부와 농림축산식품부 및 해당 지방자치단체의 공동 정책 실행과 범정부적인 '통합 물 관리'가 필요하다.

녹조 문제를 가중시키는 또 하나의 요인은 여름철 하천에 밀려들어오는 하천 쓰레기이다. 폭우로 인해 수많은 댐 저수지에는 엄청난 양의 쓰레기들이 들어와 물속에서 썩으면서 분해되어 하천 수질을 악화시키고 있다. 쓰레기들이 하천에 유입되는 것을 최소화할 수 있는 방안도 같이 마련되어야 한다. 이와 관련하여 지방자치단체가 역할을 제대로 하도록 정부의 지도가 필수적이다.

녹조는 재난 관리 차원에서 다룰 필요가 있다. 이제 녹조는 특정 지점의 단순한 수질 관리 문제가 아니다. 재난이라는 측면에서 원인을 일으키는 요인들에 대하여 범정부적으로 철저한 관리가 이루어져야 한다. 녹조 현상은 오염을 일으키는 농업 부문의 전통적 생산 방식, 물과 관련된 여러 분야에서의 제도적 모순과 비효율적인 시설 관리, 그리고 자연적인 현상의 결합으로 나타나는 현상이다. 결국, 사회학적이고 인위적인 여건 변화에 대한 인식이 녹조 문제 해결의 출발점이다. 즉, '통합 물 관리'라는 측면에서 통섭적인 접근이 필요할 때이다.

참고자료

대한환경공학회 (2018),「4대강사업과 관련한 보 구간 등에 대한 수질평가 및 수질변화 원인 분석」.
환경부,「녹조 대응 및 관리정책」, 2018. 7. 31.
국민물교육협의회 (2015),「물과 사람 이야기」.

권형준
충남대학교 경제학과를 졸업하고 영국 브래드퍼드 대학교에서 자원환경경제학 박사학위를 받았다. 1987년부터 한국수자원공사에서 근무하면서 주로 물 가격, 물 산업 등 물 정책 수립 및 기획, 물 정책경제 연구, 물 교육 업무 등에 종사하였다. 대외적으로는 대통령직속 지속가능발전위원회 전문위원, 국회 입법조사지원위원, 국회 환경포럼 자문위원, 충남대학교 경제학과 겸임교수 등을 역임했다. 물과 관련된 기술정책에 대한 이해가 깊은 물 정책전문가로 현재 환경정책학회, 환경경제학회 이사 등으로 활동하고 있다. 저서로는 한국의 물 정책을 소개하는 "Water Resources Management" (The Primer on Korean Planning and Policy, 국토연구원 발행)가 있으며, 공저로는『국가생존기술』(동아일보사)이 있다. 또한『물 수요 예측』(홍릉과학출판사)을 공동 번역했으며, 다수의 국가 연구 과제에 참여하였다.

PART
2.

불 :
문명과 재앙 사이

한반도, 에너지의 하모니를 만들자 남승훈   96

소프트웨어 안전은 미래 국가 생존의 키워드 진회승   109

생활 방사선 위험을 극복하는 국가적 소통 전략 이채원   123

대한민국을 위협하거나 국민의 안전을 위협하는 요소들이 증가하고 있다. 그러한 요소들을 제대로 관리하거나 대응하면 우리의 생존에 크게 긍정적인 영향을 미치지만 제대로 관리하지 못하거나 대응하지 못할 경우 재난재해나 신종 질병처럼 갑자기 닥치거나 확산되어 생존에 위협을 가하게 된다. 안전을 위협하는 많은 요소들이 있겠지만 불의 개념과 유사한 주제로서 한반도의 에너지, 소프트웨어, 생활방사선 분야를 주제로 선정하였다.

한반도의 에너지는 화석원료와 원자력에 의존한 대량 생산과 공급 전력 시스템에서 분산형의 신재생 에너지, 천연가스 에너지 등의 비중을 높이는 복합 시스템으로 나가고 있다. 에너지 문제에 잘 대응하면 국가적 생존과 산업 및 사회 혁신, 남북 평화와 동반 성장에 큰 기반이 될 것이나, 제대로 대응하지 못하면 산업과 사회, 남북 한반도의 생존에 큰 위협이 될 것이다. 남북한 공히 입지나 건설비용 측면에서 화력발전 의존도가 높으나 현재 온실가스와 미세먼지 발생의 큰 원인이기도 하여 클린 기술이 필요하기에 그동안 원자력발전 비중을 높여왔으나 사고 위험에 대한 국민 불안, 폐기물 문제 해결에 대한 이견으로 에너지 전환 정책으로 나아가고 있으며 이는 남북 관계 진전에 따라 변화가 예상되는 분야이다. 따라서 신재생 에너지와 천연가스 에너지 등은 향후 한반도 에너지 안전에 큰 비중을 차지할 것이다.

소프트웨어는 제4차 산업혁명과 신기후 체제 시대에 가장 필수불가결한 핵심 기반 기술로서 새로운 방식의 개발과 활용에 성공하면 큰 성장 동력이 되지만 한편으로 보안과 사생활, 정보 유출, 범죄 및 테러 악용 등의 위협적 요소가 되기도 한다. 항공기, 철도, 원자력, 금융, 군사, 의료 등 각 분야에서의 소프트웨어 안전은 그 자체로 중요한 이슈이고 4차 산업혁명의 ABCi(인공지능 AI, Big Data, Cloud computing, IoT사물인터넷) 기술 혁신에 따른 소프트웨어의 급속한 발전은 실생활과 산업 및 사회 전 분야에 걸쳐 소프트웨어 안전의 중요성을 확산시키고 있다. 소프트웨어 안전은 기술뿐만 아니라 제도와 시스템, 문화적 요인까지 결합하여 함께 제고해야 하는 복합적 분야이며 향후 방향을 제안하고 있다.

또한 최근 방사선 안전에 대한 국민적 관심이 제고되고 있다. 원자력의 방사능 유출, 주택가의 방사능 아스팔트, 후쿠시마 방사능 오염수 유출에 따른 일본 수산물 불안감, 매트리스와 아파트 자재의 라돈 방사선 유출 등에 대한 일상생활 불안이 커지고 있다. 이러한 실생활 방사선 안전 요인에 대한 사회적 커뮤니케이션 과정은 위험에 대한 과학적 인식, 사회적 대응 능력과 시스템 구축 등에 대한 사회 전체의 수준을 좌우한다. 이것은 기술적 요인과 심리적 요인, 사회적 요인이 모두 영향을 미치게 된다. 그러한 사회적 커뮤니케이션의 선진화된 체계를 구축하는 것은 방사선 안전뿐 아니라 사회 전체의 안전을 높일 것이다.

위험 사회의 개념은 기술 혁신과 이에 대한 시각의 차이로 확대되고 있고 그것은 다양한 방식의 갈등과 부조화를 야기하고 있다. 이러한 갈등과 부조화를 잘 관리하고 소통하면 성장의 동력이 되지만 제대로 소통하고 융합하지 못할 경우 사회 갈등과 혼란으로 이어져 미래의 성장과 진화를 가로막는다.

생존 기술 연구의 '불' 부문은 이러한 측면에서 에너지, 소프트웨어, 방사선 안전 커뮤니케이션 등의 주제로써 핵심 화두를 다루었으며 미래 방향을 제안함으로써 미래 세대 생존을 위한 담론을 이어가고자 한다.

한반도, 에너지의 하모니를 만들자

남승훈 한국표준과학연구원 책임연구원

　에너지는 일을 하는 능력을 뜻하는 단어로 원천 자원에 따라 에너지를 발생시킬 수 있는 방법은 무궁무진하다. 매장 자원이 부족한 대한민국은 신재생에너지와 같은 새로운 에너지원 확보를 위해 노력하고 있으며, 에너지 발생 후 나타날 수 있는 환경오염 문제를 해결할 방안도 다방면에서 연구하고 있다. 이외에도 에너지원의 종류와 성격에 따라 발전 효율을 극대화하는 방법이나 사용처로 전달하기 위한 배급 기술도 중요한 연구 과제이다. 2018년에 남북정상회담이 세 차례 진행되면서 국회에서는 남북 간 교류 협력 촉진을 위해 에너지법 개정안이 발의되기도 했다. 개정안에서는 신재생에너지를 포함한 에너지 분야에서 남북 교류 및 협력 계획을 수립하도록 하고 이를 국가에너지위원회에서 심의할 수 있도록 하는 내용이 포함되어 있다. 이와 같이 에너지 분야에 대한 연구 개발은 남북이 상호 의존하게 될 때 더욱 큰 상승 효과를 낼 수 있을 것이며, 에너지 중에서도 신재생/천연가스/원자력 분야가 남북의 대표적인 공통 관심 대상으로서 연구 교류를 할 수 있을 것으로 기대된다.

사용량 1등 에너지원 vs. 미세먼지의 주범: 화력에너지

화력발전은 석탄, 석유, 가스 등의 연료에너지를 연소시켜 생성된 기계에너지로 발전기를 회전시켜 전기에너지를 얻는 발전 방식이다. 열원 및 원동기에 따라서 크게 기력발전, 내연력발전, 그리고 특수화력 발전으로 분류된다.

화력발전의 장점으로는 다른 발전소에 비해 건설 시간 및 비용이 적게 소요되며, 지형적인 요소에 제약받지 않고 건설할 수 있다는 것을 들 수 있다. 자유로운 입지 선정이 가능하여 대도시, 공업단지, 대소비지 부근에 많이 건설되었다. 이 때문에 발전소에서 생산된 전력을 사용자에게 보내는 거리가 짧아 전력 송전비가 절감되어 비용적인 손실을 줄일 수 있다.

반면에 수력발전이나 원자력발전에 비해 연료 가격이 상대적으로 고가이기 때문에 이는 발전 단가의 상승으로 이어질 수 있으며, 주로 화석연료가 연료원이기 때문에 관련 자원이 점차 고갈되고 있다. 화력발전의 가장 큰 문제점은 환경오염이다. 특히 연료의 연소 과정에서 이산화탄소, 유해 가스와 미세먼지 등이 많이 발생한다. 기후 변화의 주요 원인 물질인 이산화탄소 배출량은 수력의 50배, 원자력의 88배에 달하며, 초미세먼지를 생성하는 질소산화물과 황산화물 등 여러 오염물질의 배출원이기도 하다. 국민의 건강을 위협하고 기후 변화를 심화시키며 이산화탄소의 주배출원인 화력발전은 되도록 줄여나가야 한다.

북한의 경우 화력발전소 9기 중 8기가 30년 이상 된 노후 시설이고, 현대화를 위한 기술력 부족과 부품 자체 생산이 어려운 상황이다. 석탄을 사용하는 노후 화력발전소는 미세먼지와 초미세먼지 발생의 주요 원인으로 꼽히며 북한과 인접한 경기 북부 지역에서도 그 영향을 받고 있다. 따라서 이제 북한에서도 화력발전이 아닌 다른 방식의 에너지 개발 연구가 필요한 시점이다.

원자로 안에서 일어나는 핵분열을 통한 에너지 생성 :
원자력에너지

원자력발전은 아인슈타인이 발견한 질량-에너지 등가원리($E=mC^2$)가 적용되는 핵분열에너지를 이용한다. 우리나라의 원자력발전 역사는 미국 웨스팅하우스로부터 도입한 고리1호기가 1978년부터 상업 운전을 시작하여 현재는 24기의 원전을 운영 중이며, 6기가 건설 중에 있다.

원자력에너지의 장점으로는 온실가스 배출이 거의 없으며, 타 발전원과 비교하여 낮은 발전 단가의 경제성, 화석연료의 감소, 핵연료의 공급 안정성 등을 들 수 있다. 1970년대에 발생한, 두 차례의 석유 파동을 기억해보면 석유 한 방울 나지 않는 우리나라에서는 에너지 의존도가 높지 않은 원자력이 그 대안이며, 원자력은 석탄, 가스와 같은 매장 에너지가 아니라 원전 설계기술을 완전히 자립하여 외국에 수출이 가능할 정도로 세계적인 수준으로 올라와 있는 기술에너지이기에 에너지 자립에 필요한 우리 형편에 부합하는 에너지라고 할 수 있다.

반면에 원자력의 가장 큰 단점은 중대 사고가 발생하면 치명적인 결과를 초래하는 원전 사고의 위험, 원자력에너지를 이용하는 과정에서 발생하는 방사성폐기물 등이다. 원자로 개발 초기에 원자력 사고는 원자로 특성에 대한 이해의 부족으로 소형 실험로에서 원자로 출력이 급상승하는 출력 폭주 또는 연쇄 반응이 일어나는 임계 사고가 대부분이었으나, 이후에는 심각한 결과를 초래한 스리마일 아일랜드 사고, 체르노빌 사고, 후쿠시마 사고에서 보듯 냉각 기능의 저하로 인한 노심용융 사고로 엄청난 양의 방사성물질이 환경으로 방출되어 방사선 피폭이 발생하거나 방사능 오염을 초래하였다. 또한 방사성폐기물은 원자력에너지를 이용하는 과정에서 발생하는 인체 및 환경에 심각한 위해를 끼칠 수 있는 방사선을 방출하기 때문에 방사선폐기물은 큰 단점 중의 하나이다.

2014년 국가에너지위원회에 의해 기획된 '제2차 에너지 기본계획'에 따르면 2035년까지 원자력발전 비중을 29% 수준으로 유지하는 계획을 발표하였다. 그러나 최근 정부의 탈원전 정책과 신재생에너지로의 에너지 전환 정책에 따라 원자력에너지의 비중은 점차 낮아질 것으로 보이며, 신재생에너지에서 필요한 발전량을 얻기 위해 장기적이고 지속적인 투자와 개발이 이루어져야 한다. 따라서 신재생에너지의 발전량이 일정 수준에 오를 때까지는 경제적이고 안정적으로 공급이 가능한 원자력에너지로 징검다리 역할을 담당케 할 필요가 있다.

북한의 원전은 80년대 초부터 가동에 들어간 5메가와트 흑연감속로가 있으나, 이미 노후화된 상태다. 신포시 경수로는 북미 제네바합의에 따라 한반도에너지개발기구(KEDO)를 통해 경수로 2기를 제공하도록 건설이 시작되었으나, 2002년 2차 북핵 위기 때 공정률 30%를 넘긴 채 건설이 중단되어, 2006년에 사업이 완전히 중단되었다. 그러나 최근 북한 당국은 폐기된 경수로 현황을 점검하며, 공식화한 경제 건설 지원을 위한 전력원을 찾고 있는 것으로 보인다. 따라서 한반도 평화체제와 비핵화 구축을 위한 남북 협력 방안으로 신포경수로 건설 재개를 검토해볼 수도 있다. 또 하나는 남한보다 상대적으로 입지 선정이 용이하고, 단단한 화강암 지대가 많으며 인구가 희박한 북한 지역에 사용후 핵연료 같은 고준위폐기물을 영구 처리할 수 있는 남북한 공동처분장 건설을 협력 의제로 검토해볼 수도 있다.

자연으로부터 얻는 무한의 친환경 에너지: 신재생에너지

신재생에너지는 기존의 화석연료를 변환시켜 이용하거나 수소, 산소 등의 화학반응을 통한 전기 또는 열을 이용하는 신에너지와 햇빛, 물, 지열, 강수, 생물유기체 등을 포함하는 재생 가능한 에너지를 변환시켜 이용하는 재생에너지를 총칭한다.

신재생에너지의 장점은 반영구적이고 지속 가능한 발전이 가능하다는 것이다. 또한 신재생에너지에 대한 연구/개발에 따른 신사업 창출로 일자리가 생성되고, 에너지 시스템 수출을 통한 국가 성장 동력을 마련할 수 있다는 장점이 있다. 반면에 지속적으로 투자되는 비용은 없지만 고가의 설비가 요구되기 때문에 설치 비용이 만만치 않게 발생한다. 이 때문에 에너지 단가가 초기에는 높을 수밖에 없는 현실이고, 현재의 기술 수준으로 다른 에너지원들에 비해 아직까지는 가격 대비 효율성이 떨어진다. 또한, 신재생에너지는 에너지의 대량 공급이 어렵다. 상시적 에너지원으로 사용이 가능하나, 전기 사용량이 급격하게 증가되는 경우에는 수요를 충분히 공급하지 못하는 단점이 있다. 따라서 효율성과 경제성을 높이기 위한 자체적 기술 개발이 절실히 필요한 상황이다.

2017년 12월에 산업통상자원부에서 발표한 '재생에너지 3020 이행계획안'에 따르면 2030년에 재생에너지 발전량 비중을 20%까지 끌어올림과 동시에, 신규 설비 95% 이상을 태양광, 풍력 등 청정에너지로 공급할 계획이다. 또한 국민들이 쉽게 태양광을 사용할 수 있는 방법의 일환으로 도시형 자가용 태양광 확대나, 100kW 이하의 소규모 사업 지원 및 협동조합의 활성화를 통해 국민 참여를 이끌어내어 태양광 사업을 확대할 수 있다. 이외에도 농식품부/지자체/산업부 협업으로 농촌 지역 태양광을 활성화하여 농사와 태양광 발전을 병행하는 '영농형 태양광 모델'이 새로이 도입될 예정이다.

현 시점에서는 세계적인 경기 침체와 함께 신재생에너지 산업도 구조 조정기를 겪고 있으나, 향후 지속적인 성장이 전망된다. 또한, 신재생에너지 투자액은 그동안 크게 늘어왔으며, 주요 국가에서는 장기적으로 신재생에너지 비중을 확대할 계획이다. 이에 따라 전 세계적으로 빠르게 성장하는 신재생에너지 시장 선점을 위한 국내외 업체 간 경쟁이 가열될 수 있다.

주요국 신새생에니지 비중 전망

구분	미국		일본		중국		OECD 유럽	
	2011년	2035년	2011년	2035년	2011년	2035년	2011년	2035년
신재생 에너지 비중	5%	13%	3%	13%	9%	10%	9%	21%

* 출처: 「제4차 신.재생에너지 기본계획」, 산업통상자원부(2014년 9월)

북한은 지금까지 수력발전소와 자국에서 생산되는 무연탄과 갈탄을 에너지원으로 하는 화력발전소가 대부분이다. 주체사상에 걸맞지 않는 석유, 가스와 같은 수입 원료를 사용하는 발전소는 극히 일부분이다. 이에 따라 신재생에너지에 대한 관심이 일찍부터 있었다. 1993년에 신재생에너지 개발을 위한 국가행동계획을 주요 전략으로 선정하고 북한 국가과학원의 부속 조직으로 '신재생에너지개발센터'를 설립하였다. 2014년에는 자연에네르기연구소를 신설하여 2014년부터 2044년까지 총 30년간 청정개발체제사업을 위한 장기 계획을 수립했고, 앞선 2013년에는 재생에너지법을 제정한 바 있다. 이 계획의 주요 내용은 2044년까지 청정개발체제(CDM: clean development mechanism, 이하 CDM) 사업을 통해 전력 생산을 500만kW까지 확보하고, 특히 풍력발전을 통해 전력 수요의 15%를 보장한다는 내용 등이 포함되어 있다.

북한의 재생에너지 활용 장기 계획(2014~2044년)

	2014~2023년	2024~2033년	2034~2043년	2044년
풍력	중대형 풍력발전기 제작	해상풍력자원도 작성 대용량 풍력발전소	10 MW이상 급 풍력발전	전력수요의 15 % 보장
지열	열펌프기술 확보 전력생산공정수립	지열탐사기술 보완	대규모 고온지열발전	북한전역 지원
태양광	태양열축열기술 확보 태양전지효율제고등	태양열발전소 구축	태양열발전소 확대 도입	우주태양열발전소 구축
생물연료	에너지작물 육종 및 재배 에너지 전환기술 개발	에너지작물 ➡ 에너지 전환기술 성숙	생물연료의 생산공급	생물연료 이용 확대
메탄수화물	메탄수화물 탐사 및 자원분포도 작성	메탄수화물 시험채취	환경평가 감시조종체계구축	메탄수화물 채취 및 이용
수소가스	수소제조공정확립 및 효율성 제고	수소저장 및 운반기술개발	고성능수소연료전지 하부구조 구축	수소에너지 전면 이용
재생에너지 주택구역	재생에너지 자립주택 기술확보	재생에너지 주택구역 형성	탄소에너지 도시 구축	자립주택 전국 도입

재생에너지에 의한 발전능력 : 500만 KW

* 출처 : 「현안과 과제 : 북한의 재생에너지 관련 사업 추진 현황」, 『현대경제연구원』(16-25호)

남북이 하나가 되어 발전시킬 1등 대체 에너지 : 천연가스에너지

천연가스는 자연적으로 발생하여 지하에 매장되어 있는 발화성 탄화수소(hydrocarbon)류의 혼합 기체이다. 이는 전통가스(conventional gas)와 비전통가스(unconventional gas)로 분류되는데 전통가스는 지하 저류층 내에 원유와 함께 존재하거나 가스로만 존재하며, 비전통가스는 전통적인 방식으로 생산이 어려운 지층에 포함되어 있는 가스를 총칭한다.

천연가스의 장점은 연소할 때 환경오염 물질 배출이 매우 적고, 공기보다 가벼워 누설될 때 대기 중으로 확산되어 안전성이 높다는 것이다. 또한 매장량은 향후 100년간 사용 가능할 정도로 풍부하여 화력발전의 대체 에너지로 전망성이 높다. 단점으로는 다른 에너지 연료에 비해 출력이 낮고, 공급 인프라가 필요하며, 가스 누출의 위험이 있다는 것이다.

천연가스는 생산지에서 소비자까지 유통 형태에 따라 PNG (pipeline natural gas)와 LNG (liquified natural gas) 및 CNG (compressed natural gas)로 구분된다. PNG는 가스전에서 채취한 천연가스를 사용할 곳까지 파이프라인을 통하여 공급하는 가스로, 육상 수송이 가능한 유럽, 북미 등 대부분의 국가에서 활용되고 있다. LNG는 가스전에서 생산한 천연가스를 정제하여 영하 162℃로 냉각시켜 액화 상태로 해상 수송한 후 기화된 가스로 공급하는 것으로, 가스를 냉각시켜 액화시키는 것은 부피가 600분의 1로 감소하여 대량 수송과 저장에 효율적이다. CNG는 기체 상태의 천연가스를 압축해서 부피를 200분의 1 수준으로 줄인 것으로 국내 천연가스 버스가 사용하고 있다.

정부에서 확정한 '제13차 장기 천연가스 수급 계획'에서는 2018년부터 2031년까지 천연가스 수요 전망과 도입 전략 등의 내용이 포함되어 있다. 발전용 수요가 2018년 1,652만 톤에서 2031년에는 1,709만 톤으로 증가할 전망이며, 이는 2016년에 수립된 제12차 계획보다 대폭 늘어난 수치이다. 이와 같은 상황에서 현재 LNG 주요 수입

처인 인도네시아, 말레이시아 등 동남아 지역의 매장량이 감소하고 있어서 신규 수입처 발굴이 필요한 시점이다. 에너지 업계에서는 정부가 탈원전 정책으로 가스 발전 비중을 늘려나가는 상황에서 러시아산 천연가스를 도입하는 것이 경제적 측면에서 도움이 될 것으로 전망하고 있으며, 러시아로부터 시작되어 북한을 통과하는 가스 파이프라인이 건설되어 2027년부터 가스가 공급된다는 가정 아래 러시아에 대한 가스 의존도가 연간 185만 톤에서 900만 톤으로 증가될 수 있다는 분석이 나오고 있다.

북한은 자국을 통과하는 가스 파이프라인 건설 현장에 노동력을 공급함으로써 인건비와 개발 수익은 물론이고 가스 파이프라인 이용료를 포함한 통과료 등을 얻을 수 있으므로 여러 방면에서 수익 창출에 도움이 될 수 있다.

국내에서도 이미 남북정상회담을 앞둔 지난해 3월 30일에 강경화 외교부장관이 "한반도 안보 여건이 개선되면 남한과 북한, 러시아를 잇는 가스 파이프라인 사업을 검토할 수 있다"라고 언급한 바 있다. 또한 대통령 직속 북방경제협력위원회(위원장 송영길)는 2017년 12월에 '한-러 PNG 공동 연구'를 시작하였고, 산업통상자원부는 올해 러시아 자원협력위원회, 한국가스공사(KOGAS)를 통해 러시아 국영 가스회사인 가즈프롬(Gazprom)과 협의 채널을 본격화하고 있다. 한국이 지금까지 LNG를 가져올 수밖에 없었던 것은 근접 국가 중에는 가스 생산국이 없었고, 그나마 가능했던 러시아는 북한이 장애물로 존재하기

남한-북한-러시아 가스관 예상 노신

* 출처: 「남. 북. 러 가스관 연결 '3각 협력' 수면 위로」, 『한겨레』(2018년 5월 2일)

때문이었다. 하지만 그 걸림돌이 해결된다면 PNG를 마다할 이유는 전혀 없다. 아직 많은 어려움이 있지만 국내 공급 천연가스의 비용 절감 방안으로 러시아 PNG 도입이 필요하다. 또한 청와대에서도 석탄 화력발전소를 천연가스발전소로 대체하는 방안을 구상하고 있다는 언급을 한바 있으며, 이는 현재 70%에 육박하는 우리나라의 화력발전 의존율을 상당량 낮출 수 있을 것으로 전망된다.

에너지의 하모니를 만들기 위한 첫발을 내딛자

2017년 말, 정부가 공개한 제8차 전력수급 기본계획(안)은 2030년 목표 시나리오 발전량 기준으로 원자력 23.9%, 석탄화력 36.1%, 천연가스 18.8%, 신재생 20.0%를 제시했다. 2017년 기준 현재 천연가스 비중이 16.9%, 석탄화력 45.3%, 원자력 30.3%이다. 석탄 화력발전 비중이 높고 천연가스발전 비중이 예상보다 낮게 책정된 것은 전기요금 인상과 관련 있다. 따라서 석탄 화력발전으로 인한 환경오염 피해를 줄이기 위한 방법으로서 천연가스발전이 효과적인 수단이므로, 수입국 다변화, 거래 방식 유연화 등 비용 측면에서 천연가스발전의 경쟁력을 증대시키는 방안이 필요하다. 더불어 친환경에너지원인 신재생에너지에 대한 연구도 석탄 화력과 원자력에너지의 사용량을 줄임으로써 대체할 수 있는 방안으로 고려해야 한다.

지금까지 언급했던 화력, 원자력, 신재생, 천연가스 에너지는 우리나라의 지형적 특성상, 혹은 보유하고 있는 기술력이나 원천 재료의 특성에 따라 각각의 장단점이 있다. 이는 북한 단독의 경우로 고려했을 때도 마찬가지이다. 북한은 많은 지하자원이 매장되어 있는 반면 자본과 기술은 부족한 실정이다. 그러므로 남북 관계가 더욱 개선됨에 따라 자원과 자본/기술 사이에 교류가 시작되고, 상호작용으로 조화를 이룰 수 있게 된다면 이는 곧 경제 성장의 발판으로 이어질 수 있게 된다.

2017년 9월, 평양에서 개최된 제3차 남북정상회담에서는 한반도 내에 평화의 분위기가 무르익은 가운데, 재계 총수들이 방북에 참여함과 동시에 에너지 분야에서도 협력의 분위기가 비춰졌고, 북한 자원 개발과 관련해서도 기대감이 높아지고 있다. 지난해 10월 러시아 모스크바에서 개최되었던 국제에너지포럼(russian energy week international forum)에 북한이 참석했다는 보도가 나왔으며, 이는 북한이 에너지 분야에 관심을 보이는 것과 무관치 않음을 확인할 수 있는 행보이다. 이와 같이 남과 북이 에너지 분야에 대한 공통 관심사를 두고 서로 부족한 점을 보완할 수 있다면 한반도는 하나의 에너지 강국으로서 발돋움할 수 있을 것이다.

남승훈

부산대학교 기계설계학과를 졸업하고 경북대학교 대학원에서 기계공학 박사학위를 받았다. 호주의 시드니 대학에서 객원연구원으로 항공기 엔진 수명 평가에 관하여 연구하였다. 1987년부터 한국표준과학연구원에서 소재물성 평가를 연구하고 있다. 현재 (사) 출연(연)과학기술인협의회총연합회 회장으로 활동 중이다. 대한기계학회 '재료 및 파괴 부문' 회장을 역임했으며, 수소 및 신재생에너지학회 등에서 부회장으로 활동하고 있다. 대한기계학회 논문집 편집인으로 활동했으며 대한금속재료학회 논문집 편집위원으로 활동 중이다. 주요 저서로는 『재료시험법』 등이 있고, 국제 학회지에 등재된 100여 편의 논문이 있다.

소프트웨어 안전은
미래 국가 생존의 키워드
－
진회승 소프트웨어정책연구소 책임연구원

소프트웨어로 연결되는, 멋진 신세계의 위험한 도래

현재의 사회 시스템을 과거의 그것과 구분 짓는 두 가지 핵심 특성은 '소프트웨어'와 '연결'이다.

소프트웨어와 네트워크[1] 기술이 발전하면서 세상은 과거에 비해 엄청나게 넓은 범위로 복잡하게 연결되고 있으며, 이에 따라 생활 방식 전반이 바뀌고 있다. 최근 소프트웨어가 기존 산업에 융합하면서 인간의 노동을 대체하거나, 불가능했던 일을 가능케 하면서 경제적으로 생산자 간, 생산자와 소비자 간, 그리고 소비자 간 연결이 강화되고 생산과 소비의 구조가 바뀌었다. 산업 간 전통적 구분이 모호해지고 경제 구조

---

1   소프트웨어와 네트워크 융합의 한 예로, 2019년 상용화 예정인 5G 이동통신 기술을 들 수 있다. 이 기술을 통해 자율주행자동차, 드론 등의 (연관) 기술 발전 속도가 가속화되고, 상용화 시기가 앞당겨졌다.

나 경제 활동의 내용 자체가 변화하고 있는 것이다. 사회분화석 관섭에서 보면 요즘 젊은 세대들 사이에 'TMI'(Too Much Information)라는 유행어가 생길 정도로 사회관계망서비스(SNS) 등을 통한 정보 공유가 일상화되고 에어비앤비(Airbnb), 우버(Uber) 등 소위 공유경제 모델이 확산되고 있다. 이러한 경제·사회적 변화의 배경에 '소프트웨어'와 '연결'이 있다.

이런 흐름은 1990년대 말 '닷컴'(.com) 열풍 이후 나타나 거세게 확산되어왔고, 이제 제4차 산업혁명이라는 태풍으로 진화하려는 시점에 이르렀다. 이는 우리 세계가 곧 유례없이 빠르고 복잡하게 연결되는 신세계에 진입할 것이라는 뜻이다.

이런 변화는 우리에게 엄청난 혜택을 가져다줄 것으로 기대된다. 생산성이 가늠하기 어려울 정도로 향상되어 '빈곤'이라는 단어가 의미를 잃고 사라질지도 모른다. 그간 경제적 이익을 확보하려는 경쟁 과정에서 발생해온 사회적 갈등이 줄어들게 될 것이다. 무엇보다 신의 영역으로 여겼던 인간의 지적 활동을 대체할 수 있는 인공지능(AI: Artificial Intelligence) 소프트웨어 기술이 성숙되어 사회·경제 영역에 적용되면 인류는 노동으로부터 자유로워질 수 있을 것이라는 전망이 나온다.

그러나 우려도 있다. 기술이 불완전하거나 잘못 활용되면 재앙이 일어날 수 있기 때문이다. 특히 과거라면 특정 시간대나 영역에 국한되었을 사고나 문제가 초연결 사회에서는 확대·재생산되어 사회 시스템 전체를 무력화시킬 수도 있다. 연결이 많으면 그만큼 불안 요소도 크게 늘어나게 된다. 기술이 불완전하지 않고 제대로 활용되어야 기술이 안전성을 갖추었다고 볼 수 있는데, 그렇지 않으면 기술이 미래 발전을 이끄는 도구가 되기는커녕 오히려 인류의 퇴보를 초래하는 독이 될 수도 있다. '안전'은 '소프트웨어'와 '연결' 사회를 제대로 구현하기 위한 필요조건인 셈이다.

우리가 제4차 산업혁명을 국가 과제로 설정하고 범정부적 노력을 기울이는 것은 기술 경쟁력 확보와 기술 진보가 국가를 발전시키고 유지하는 데 꼭 필요한 요소이기 때문이다. 하지만 기술 자체에 결함이 있으면 이 과정은 쉽게 무너질 수 있다. 다른 국가들과의 기술 경쟁 과정에서는 기술의 결함을 공격해 기술 진보를 무력화하려는 외부의 시도를 배제하기 어렵기 때문에 이에 대한 준비가 철저히 되어야 한다. 아무리 대단해 보이는 기술이라도, 기술 자체 혹은 기술 간 연결의 잠재적 결함에 대처하는 준비 없이 적용한다면 우리의 생존을 위협할 위험한 기술로 전락할 가능성을 간과할 수 없다.

그런 면에서 1984년에 1편이 개봉된 이래 약 35년간 꾸준히 제작되어 2019년에 6편까지 나올 영화 <터미네이터> 시리즈[2]는 우리에게 시사하는 바가 크다. 이 영화 시리즈는 국방을 목적으로 전략 무기 통제를 위해 만든 인공지능 탑재 컴퓨터 '스카이넷'(Skynet)이 오히려 세상을 파괴하고 인류의 생존을 위협하면서 인간과 기계를 초월한 존재로 진화한다는 내용을 담고 있다. 이는 미래의 기술 사회에 대한 단순

---

2 <터미네이터 6>은 2018년 현재 촬영 중이며, 2019년 11월에 개봉될 예정이다.

한 공상이 아니라 소프트웨어 기반 초연결 사회에서 인류가 위험에 처할 수 있다는 두려움을 표현한 것이다. 이 영화 시리즈의 지속적 인기는 '안전'이 제대로 확보되지 않으면 기대와 달리 소프트웨어 기반 사회가 매우 취약할 것이라는 점을 우리 스스로 알고 있다는 증거다.

따라서 '안전 확보'는 제4차 산업혁명의 성패를 가를 핵심 과제다. 우리 사회의 급속한 변화를 감안할 때, 이는 매우 시급한 이슈이기도 하다. 이미 교통, 통신, 금융 등 공공 인프라부터 개인 생활에 이르기까지 다양한 영역에서 네트워크가 구성되고 소프트웨어가 활용되고 있다. 그러나 이 과정에서 발생할 수 있는 내재적, 외재적 위험요소에 대처해 사회 시스템을 안전하게 보호하려는 체계적 접근은 미흡한 실정이어서 앞으로 자칫 큰 문제가 발생할까 우려된다. 2007년에 나온 영화 <다이하드 4>는 안전 문제가 당장 우리 앞에 놓인 과제라는 점을 알려준다. 테러리스트가 사회를 파괴하려는 목적으로 교통, 통신, 금융, 전기 등 네트워크를 장악해 엄청난 혼란이 벌어진다는 내용인데, 이는 현재 우리 사회에서도 얼마든지 일어날 수 있는 일이기 때문이다.

'초연결 사회'라는 판도라의 상자

전세계적으로 소프트웨어 안전에 대한 이슈를 촉발한 최초의 사건은 1980년대 종양 제거용 방사능 의료기기 테락25(Therac-25)의 소프트웨어 오동작으로 환자가 치명적 수준의 방사선에 노출돼 사망한 사건이다. 1996년에는 유럽연합의 우주선인 아리안 5호(Arian 5)가 소프트웨어 오류로 발사 40초 만에 공중에서 폭발하는 사고가 일어났다. 이 사고의 경제적 피해 규모는 5억 달러에 달했다.

이후 큰 규모의 인명 피해와 경제적 손실을 낳은 몇몇 철도, 항공 사고가 소프트웨어의 작은 오류로 인해 발생한 것임이 밝혀졌다. 국내 사례로는 2014년에 일어난 상왕십리역 지하철 추돌 사건을 들 수 있다. 시민 388명이 중경상을 입고, 재산 피해가 28억여 원에 달한 이 대형 참사의 원인은 신호기 고장으로 인한 자동 정지 장치 시스템 미작동이었다.

자동차 전자제어 시스템(ECU: Electronic Control Unit) 도입이 늘어나면서 예전에는 없던 문제가 생기고 있다. 엔진 컨트롤 시스템 소프트웨어 오류로 인한 도요타 급발진 사건이 대표적이다. 도요타는 이로 인해 미국 법무부에 벌금을 납부하고, 1,200만 대 이상의 차량 리콜 및 300건 이상의 소송 합의 등을 처리하는 데 1조 3천억 원이 넘는 비용을 들여야 했다.

기술의 오류 때문이 아니라, 기술을 미숙하게 운영해 문제가 생기기도 한다. 2014년에 국내에서 발생한 카드사 개인정보 유출 사건이 대표적 사례다. 당시 KB카드, 롯데카드, NH카드 등 3개사를 통해 유출된 개인정보는 1억 건에 달했고, 이로 인해 한 달여 간 혼란이 지속됐다. 해당 카드사들은 수많은 사람들의 관련 정보 확인 및 카드 재발급 요청에 한꺼번에 대응하느라 홍역을 치렀다. 관련 카드를 가진 사람들의 불안과 시간 낭비도 돈으로 계산하면 엄청난 액수일 것이다.

새로운 기술에 의해 형성된 시장을 노린 범죄가 나타나기도 한다. 예를 들면, 급격히 늘어난 암호화폐 거래소는 대부분 충분한 안전장치

없이 운영되다보니 해킹의 표적이 되고 있다. 2018년 초에 일본의 대형 암호화폐 거래소 코인체크는 해킹 사건으로 5천 7백억 원 상당의 손실을 입었으며, 국내 업체인 빗썸도 2018년 6월에 350억 원 규모의 암호화폐를 해킹으로 탈취 당했다.

앞으로 우리 사회의 소프트웨어화(Softwarization)[3]는 전 분야에 걸쳐 더욱 빠르고 예측하기 어렵게 진전될 가능성이 크다. 'ABCi'(AI, Big Data, Cloud computing, IoT)로 대표되는 혁신적 기술이 물리적 세계와 융합되며, 새로운 제품과 서비스를 만들어내고 있다. 소프트웨어 기술은 물리적 세계와 하드웨어를 제어하는 지능적 기능을 한다. 제4차 산업혁명의 주요 융합 기술인 사이버 물리 시스템(CPS: Cyber Physical Systems)은 하드웨어와 소프트웨어로 이루어진 사이버 시스템을 물리적 시스템에 융합하는 기술이다. 자동차·항공 등 개별 시스템부터 공장·도시 등 복합 시스템까지 다양한 범위에 적용된다. 자율주행 자동차, 드론, 스마트 공장, 스마트 도시 등이 이 시스템의 대표 사례다. 소프트웨어는 시스템을 통해 수집된 데이터를 기반으로 스스로 판단하여, 다시 시스템을 제어한다. 사이버시스템 상에서 네트워크를 통해 소프트웨어들이 연결되는 것을 넘어, 이제는 물리적 영역에서도 소프트웨어 시스템이 네트워크를 통해 물리 영역과 상호작용하고 있다.

---

3 소프트웨어화(softwarization)은 지식, 경험 그리고 수집된 빅데이터 등 소프트한 재료를 입력으로 하여 부가가지 제품이나 새로운 서비스를 창출하는 활동을 일컫는 신조어이다.

이러한 초연결은 생각지도 못한 새로운 위험을 발생시킬 수 있기 때문에 안전을 확보하기 위해 해결해야 할 문제의 개수와 범위가 과거에 비해 크게 증가할 것이다. 자동차, 항공기 등 단일 시스템의 안전뿐 아니라, 스마트 공장이나 스마트 도시 등으로 구축된 전체 사회의 안전을 고려해야 한다. 소프트웨어가 전체 사회 시스템을 장악하게 될 것이라는 가정 하에, 인간이 아닌 시스템에 의해 일어나는 사건 사고에 대처할 준비가 필요하다.

예를 들면 자율주행 자동차의 경우 자동차 프로그램의 문제만 해결한다고 해서 안전하게 운행되리라는 보장이 없다. 도로, 운행 규제 등 수많은 관련 시스템도 같이 고려해야 한다. 개별 자동차 시스템이 도로 전체의 운영 시스템과 상호작용하는 과정에서, 운전자 정보가 유출되거나 네트워크 보안이 취약해질 가능성에도 대비해야 한다.

한편 인공지능에 의한 자동화와 관련해서는 윤리의 문제까지 고려해야 한다. '트롤리 딜레마'를 예로 들어 설명할 수 있다. 브레이크가 고장 난 트롤리가 선로를 질주하고 있는 상황을 생각해보자. 선로 끝에는 다섯 명의 인부가 일하고 있고 옆 선로에는 한 명의 인부가 있다면, 기관사가 다수의 생명을 구하기 위해 선로를 변경하는 것이 옳을까? 자율주행 자동차는 이런 상황에서도 스스로 판단해 작동하도록 프로그래밍된다. 따라서 인명 피해가 예측될 때 어떻게 운행되도록 자율주행 알고리즘을 구성하는 것이 윤리적인지를 두고 논란이 있다.

이처럼 미래 사회에서의 안전 문제는 매우 복잡하고 크게 변화하는 기술적 융합 환경으로 인해 고려해야 할 사항이 상상 이상으로 증가할지 모른다. 이런 문제들이 과거의 경험만으로 해결 가능한지, 아니면 이를 체계적이고 신속하게 해결할 새로운 방식이 있을지는 우리도 아직 모르고 있는 것이 현실이다. 안전을 확보하기 어려워 기술 진보를 포기할지, 안전을 무시하고 기술 진보만 추구할지, 아니면 이 딜레마를 현명하게 잘 해결해나갈지, 지금 인류의 손에는 결과를 알 수 없는 '판도라의 상자'가 놓여 있는 것이다.

전체 사회 시스템을 지키기 위한 '소프트웨어 안전'

이미 다양한 소프트웨어 사고가 발생했는데도 우리나라에서는 소프트웨어 안전의 개념조차 불명확하며, 이에 대한 인식 수준이 낮고 관련 제도가 미흡하다. 지금까지는 '소프트웨어 안전'을 '품질 관리'나 '보안'과 혼동해 쓰는 경우도 많았다.

통상 '품질 관리'는 사용자가 요구하는 기능을 수행하는 데 문제가 없도록 소프트웨어를 만드는 것이고 '보안'은 연결된 네트워크를 통한 외부의 침입으로부터 시스템을 보호하는 것이다.

'소프트웨어 안전'은 이러한 '품질 관리'나 '보안'의 범주를 포괄하는 것이지만 다음과 같은 차이가 있고 따라서 이를 확보하기 위한 방식도 기존의 품질 관리 및 보안 문제 해결 방식과는 달라야 한다. 첫째, 소프트웨어 안전은 이질적 소프트웨어 기술 간의 결합을 안전하게 하는 것이다. 둘째, 소프트웨어 안전은 소프트웨어 기술과 하드웨어 간의 결합을 안전하게 하는 것이다. 셋째, 소프트웨어 안전은 네트워크나 시스템의 안전까지 포괄하는 것이다. 소프트웨어 자체의 실패뿐 아니라 시스템 구성요소 간 상호작용으로 인한 시스템 실패까지 방지하는 것이다. 소프트웨어 작동 실패가 심각한 물리적 피해, 생명과 재산의 손실로 이어지는 것을 방지해야 한다.

결국 소프트웨어 안전은 전체 사회 시스템의 안전을 아우르는 관점에서 생각해야 한다. 품질 관리는 소프트웨어 시스템의 정확한 기능 수행, 보안은 외부로부터 침입을 방지하는 방어적 기능에 초점이 맞춰져 있다면, 소프트웨어 안전은 품질 관리와 보안의 성질을 가지고 있으면서, 전체 시스템의 사고를 대비하는 개념으로 확장되어야 한다. 또한 소프트웨어 기술의 적용 범위가 넓어질수록 소프트웨어 안전 개념의 적용 범위도 확장될 필요가 있다.

다행히도 최근 소프트웨어 안전에 대한 관심이 증가하면서 관련 개념 정의에 대한 사회적 합의가 모색되고 있다. 입법 예고된 『소프트웨어산업 진흥법 개정(안)』에서 소프트웨어 안전의 정의가 국내 최초로 제시되었다. 이 법안에서는 소프트웨어 안전을 "외부로부터의 침해 행위가 없는 상태에서 소프트웨어의 내부적인 오동작 및 안전 기능(사전에 위험을 분석해 사고 발생을 방지하는 기능) 미비 등으로 인해 발생할 수 있는 사고로부터 사람의 생명이나 신체에 대한 위험의 발생을 방지하거나 이에 대한 충분한 대비가 되어 있는 상태"라고 정의하고 있다. 소프트웨어 안전 개념은 소프트웨어 오류뿐 아니라 시스템 위험 분석 미비 등으로 인한 위험(risk)을 줄여 사고를 방지할 수 있도록 하는 기능을 포함하고 있다. 소프트웨어 안전에 대한 요구나 복잡한 기술을 법률로 한정하여 담는 데는 한계가 있다. 그러나 이를 시작으로 소프트

웨어 안전 개념을 보다 명확히 하고 그 역할을 분명히 하는 것은 큰 의미
가 있다.

한국 사회의 '소프트웨어 안전'

앞에서 살펴보았듯이 한국 사회에는 소프트웨어 안전 문제를 체계
적으로 관리할 수 있는 제도적 기반이 매우 미흡하다. 항공기, 철도, 원
자력, 금융 등 개별 분야나 기술 단위에서 하드웨어 통제, 소프트웨어 품
질 관리 및 보안 등과 관련된 법제나 규제가 각각 운영되고 있으나 소프
트웨어 관점에서 초연결된 시스템의 안전을 확보하기 위한 제도는 아
직 없다.

『항공안전법』, 『철도안전법』, 『자동차관리법』 등 각각의 개별법에
서 하드웨어 안전과 일부 소프트웨어 안전을 관리하는 데 그치고 있다.
'보안'의 경우에는 전자적 침해 행위에 대비하여 주요 정보통신 기반시
설을 안정적으로 보호하기 위한 대책을 수립·시행하는 목적의 『정보통
신기반 보호법』 등을 통해 좀 더 포괄적으로 관리하고 있다. "전자적 침
해행위"는 정보통신 기반시설을 대상으로 해킹, 컴퓨터 바이러스 유포,
논리·메일폭탄 발송, 서비스 거부 또는 고출력 전자기파 등으로 정보통
신 기반시설을 공격하는 행위로, 이에 대비하는 것이 보안의 영역이다.
또한 관리 기관이 존재하여 주기적으로 외부로부터의 공격에 대한 방
어 노력을 하고 있다.

한편, 제도적 측면의 문제뿐 아니라 소프트웨어 안전 산업의 생태
계 측면에서도 어려움이 많다. 소프트웨어정책연구소의 「소프트웨어

안전산업동향 조사」에 의하면, 미국, 독일, 영국 등 선진국은 소프트웨어 안전에 관한 표준을 만들어 제품의 안전을 확보하고 있으며, 표준을 기반으로 관련 산업이 활성화되어 있다. 이에 비해 국내 소프트웨어 안전 관련 산업은 수요가 적어 규모가 매우 작고 인증 체계조차 제대로 갖춰지지 않아 자동차, 항공 등 안전 관련 제품을 수출하기 위해서는 외국계 인증 기업의 인증이 필요한 실정이다.

안전 산업 생태계를 구성하는 기본 요소의 하나인 소프트웨어 안전 분야 인력도 부족하고 교육 환경도 열악한 상황이다. 필자가 2016년에 소프트웨어 안전 교육 커리큘럼 개발을 위해 시행한 설문 조사 결과 중 '안전과 관련된 인력 및 교육의 수준' 내용을 보면, 기본적인 소프트웨어 안전 지식이 부족하고, 관련 교육 환경이 해외에 비해 매우 부실한 것으로 나타났다. 항공, 자동차, 의료 등 안전 필수 분야에서 근무하고 있는 재직자를 대상으로 실시한 설문조사에서도 소프트웨어 안전 확보 방법에 대한 기본적 지식이 부족한 것으로 분석되었다. 조사에 참여한 업체 대부분이 소프트웨어 안전성이 필요한 업체인데도 기능 안전교육을 실시한 곳보다 실시하지 않은 곳이 더욱 많은 것으로 나타났다. 소프트웨어 안전 교육 과정이 미비할 뿐 아니라 소수의 안전 관련 교육도 일부 안전 표준에 대한 내용 위주로 산발적으로 진행되고 있으며, 수요가 많은 도메인(주로 자동차)에 특화된 교육에 치우쳐 있다.

첫 번째 과제는 안전에 대한 인식과 관행을 바꾸는 것이다. 한국 사회는 안전에 대한 준비가 선진국에 비해 많이 늦었다. 게다가 안전의 중요성이 사회에 널리 인식되지 않아 대형 사고가 빈번한데도 안전을 우선시하지 않는 경향이 있다. 안전 선진국은 한국 사회와 다르게 산업 발전 과정에서 안전을 확보한 경험을 체계적으로 집적해, 소프트웨어 사회로 전환하는 과정에도 이를 적용하고 있다. 예를 들면, 안전 선진국에서는 산업혁명 때 철도나 배를 처음 만들면서 안전 검증을 필요로 했고, 이에 따라 안전 컨설팅 업체와 안전 인증 업체가 생겨났다. 위험 분석 기법을 통해 제품의 위험요소를 파악하고 이에 대비하기 위한 기술을 개발하여 제품에 적용하고 검증하였다.

우리나라의 경우에는 그동안 일어났던 일련의 사고들이 증명하듯, 선진국 따라잡기(catch-up)에 바빠 안전 문제를 우선적으로 고려하지 못했던 것이 사실이다. 따라서 안전에 대한 낮은 인식 수준과 낙후된 사회적 관행을 혁신하는 것이야말로 무엇보다 중요하다. 선진국들이 과거에 개발한 선형적인 위험 분석도구들은 지금 상황에 활용하기에는 부족한 점이 많으며, 시스템의 상호작용을 고려하여 위험을 분석하고 대비하는 방법들은 아직 연구 중인 상황이다. 향후 기술 진보의 양상에 따라 위험 분석 방법들이 달라질 수 있으므로 우리가 소프트웨어 기술을 개발·적용하는 과정에서 안전을 중요시하는 사회적 실천(practice)을 제대로 수행한다면 선진국의 수준을 뛰어넘을 수도 있을 것이다.

두 번째 과제는 소프트웨어 안전의 특성에 맞는 실효성 있는 제도를 강구하는 것이다. 앞에서 살펴본 바와 같이 소프트웨어 안전은 기술 및 시스템 요소 간 융복합적, 초연결 상태에서의 안전을 확보하는 것이므로 '포괄적인 안전 확보 장치'를 갖추는 것이 전제되어야 한다. 이를 위해서는 첫째, 다양한 소프트웨어 기술과 시스템 안전에 대한 검증되고 표준화된 기술적 지식이 적용, 축적되는 체계의 구축이 필요하다. 둘째, 시스템 전체 차원에서 해결이 될 수 있도록 시스템 단위 간 또는 요소 간 통합적 대응 체계가 필요하다. 관련 분야 전문가들이 그 소프트웨어 기술의 위험성 등을 분석할 수 있도록 각 도메인에서 소프트웨어 기술에 접근할 수 있도록 권한이 허용되고 공유될 필요가 있다. 이 경우 접근 가능 범위가 넓을수록 기술적 우위나 경쟁력을 잃을 수 있는 기술 보유자들이 저항할 우려가 크다는 점, 외부로부터 소프트웨어나 시스템의 안전도가 위협 받을 가능성이 높아진다는 점 등 내재적 한계를 극복할 수 있는 제도적 장치가 필요하다. 셋째, 사고가 났을 경우 결함이 발생하고 위험이 전이된 경로와 과정에 따른 책임 소재를 분명히 해야 한다. 그렇지 않으면 안전 책임에 대한 도덕적 해이(moral hazard)가 발생할 가능성이 크고 이는 전체적인 시스템 위험으로 연결될 수 있다. 간접적으로 관련된 중요한 문제들에 대한 제도적 논의도 필요하다. 소프트웨어 기술을 적용할 때 고려되어야 하는 사회 구성원의 적응 및 윤리 문제, 비용 문제 등이 그것이다.

　세 번째 과제는 안전생태계를 제대로 구축하는 것이다. 인력을 양성하고, 연구를 통해 기술을 개발하고, 수요를 확보하여 관련 산업을 활성화함으로써 안전 확보를 위한 선순환 생태계를 마련해야 한다. 소프트웨어 안전은 산업과 연계되어 그 범위와 복잡성이 확대되기 때문에, 인력 양성, 기술 개발, 안전 산업 활성화가 소프트웨어와 도메인 기술의 융합으로 실현되어야 한다. 예를 들면 자동차를 개발하는 소프트웨어 안전 인력은 자동차 전문가와 협업이 가능할 정도로 자동차 기술을 알고 있어야 한다. 위험 분석 기술을 개발하려면 소프트웨어 기술은 물론이고, 해당 도메인 지식이 풍부해야 한다. 안전 확보를 위해서는 산업 및 인재 간 융합을 통해 산업의 특성을 이해한 후, 안전 제품 개발에 주력해야 한다.

앞으로 세계는 소프트웨어에 의해 사회 제반 시스템이 연결·작동되는 소프트웨어 기반 사회가 될 것이다. 소프트웨어 안전은 소프트웨어 기반 사회에서 국가의 생존을 위해 기본적으로 확보해야 하는 핵심적 가치이다. 한국이 비용 문제, 시간 문제 등을 핑계로 소프트웨어 안전 확보 준비를 미룬다면 제4차 산업혁명 시대에 뒤쳐질 뿐 아니라 향후 국가의 생존까지 위험하게 하는 우(愚)를 범하는 일이다.

진회승

연세대학교 컴퓨터과학과를 졸업하고 동양네트웍스 기술연구소에서 근무하면서 국내 소프트웨어 프로젝트 문제점을 인식하고는 미국 오리곤 주립대학교 컴퓨터·정보과학과에서 소프트웨어공학을 전공했다. 이후 오스트리아의 빈 공학 대학교에서 컴퓨터과학 전공으로 공학박사를 수료하였다. 라이코스코리아와 아시아나IDT를 거치며 실무 경험을 쌓았으며, 현재는 소프트웨어정책연구소에서 SW공학을 발전시킨 SW안전에 대해 연구하고 있다. 대표적 연구 성과로는 SW안전 확보를 위한 개발 프로세스 적용 확산 방안 연구, SW안전 분야 재직자 역량 제고를 위한 교육 커리큘럼 개발에 관한 연구, CPS(Cyber Physical System)의 기능, 비기능적 SW요구사항 분석이 있다.

생활 방사선 위험을
극복하는 국가적 소통 전략
—
이채원 한국원자력의학원 커뮤니케이션팀장

일상생활 속 방사선 이슈와 건강에 대한 우려

　　방사선의 건강 영향 이슈가 국내에서 사회적 문제로 떠오르기 시작한 것은 2011년 3월에 발생했던 후쿠시마 다이이치 원자력발전소 사고 이후이다. 방사성 물질의 국내 유입에 대한 우려가 고조되면서 저선량방사선(low-level radiation)의 건강 영향에 대한 관심도 높아졌다. 빗물이나 대기에서 검출되는 미량의 방사성 물질이 주목을 받았고, 같은 해 11월에는 서울 주택가의 '방사능 아스팔트' 문제가 불거지기도 했다. 2013년에는 후쿠시마 원자력발전소의 방사능 오염수 유출이 확인되면서 수산물 소비가 단기적으로 급감하며 사회적으로 큰 파장을 낳았다. 이후 의료방사선과 같이 일상생활에서 접하는 미량의 방사선에 대한 우려가 발생했고, 최근에는 매트리스와 아파트 자재 등에서 검출된 라돈에 대한 불안감이 높아지고 있다.

일상생활 속에서 건강을 위협할지도 모르는 어떤 위험 인자가 감지되면 우리는 어떻게 할까? 먼저 미디어를 통해 정보를 얻고 위험에 대해 이해하려고 노력하고 주변 사람들과 의견을 나누며 대응 방안을 모색할 것이다. 하지만 위험의 본질을 이해하기는 쉽지 않다. 전문가들마저 서로 다른 주장을 펴기도 하며, 위험의 요소를 이해하기도 전에 예측된 피해의 분위기에 압도당하기도 한다. SNS나 일부 인터넷 콘텐츠에서 확산되는 루머를 접하면 우선 불안한 감정부터 생긴다. 일상생활 속 건강 위험에 대한 인식과 이를 관리하기 위한 실천들은 이처럼 기존의 사회문화적 요인들에 영향을 받는다.

건강 위험과 관련한 적절한 의사소통은 개인과 공동체 건강에 큰 영향을 미치기에 국가적 차원에서 다양한 노력들이 이루어져왔다. 건강 위험 요인을 개인이 주도적으로 조절할 수 있는 분야에서는 정보 제공 위주의 캠페인 활동이 대표적이다. 흡연, 과체중, 지나친 음주 등 건강 위협 요인에 대한 인식과 태도 변화에 영향을 줌으로써 사람들은 건강 증진 권고를 받아들여 식습관을 개선하거나 금연, 운동 등 건강 증진을 위해 노력하는 계기를 만든다.

하지만 방사선 건강 영향 문제와 같이 위험 요인이 외부에 있는 경우에는 보다 정교한 커뮤니케이션 전략이 요구된다. 위험의 본질에 불확실성이 내재되어 있는지, 다양한 위험들 중 상대적으로 어떤 크기로 판단할 수 있을지, 주관적인 위험 인식이 어떻게 일어나고 있는지 등 다양한 측면을 살펴봐야 하기 때문이다. 특히 얼마나 위험한지에 대한 과학적 사실이 명확하게 제시되지 않을 때, 기존의 정보 전달 중심의 소통 전략은 한계를 보일 수밖에 없다. 제한된 과학 지식 대신 부정확하거나 부정적 편향성을 지닌 정보가 유행하면 막연한 불안감이 모여 사회적 혼란으로 증폭될 수 있기 때문이다.

저선량방사선의 잠재적 건강 영향

방사선은 방사성 원소가 붕괴하면서 방출되는 입자 또는 파동이 전파되는 것으로서 일종의 에너지 흐름이다. 일상생활에서 노출되는 방사선은 환경 내에 존재하는 자연방사선과 특정 목적을 위해 만들어진 인공방사선으로 구분된다. 자연방사선은 지구가 생성되던 때부터 지각, 공기 등 지구 환경에 존재해왔다. 인공방사선은 질병의 진단이나 치료를 목적으로 사용되는 의료방사선을 비롯해 비파괴 검사, 종자 개량, 해충 방제 등 산업과 농업 분야에서 광범위하게 사용되고 있다.

방사선이 인체에 미치는 영향은 노출된 방사선의 양에 따라 결정론적, 확률론적 영향으로 구분한다. 방사선이 유전자에 닿으면 유전자를 구성하는 원자와 원자 사이의 결합을 끊는 유전자 손상이 일어나는데, 방사선 양이 적은 경우에는 비교적 단시간에 복구되지만 방사선 양이 크거나 유전자 손상이 동시에 많이 일어나는 경우에는 제대로 복구되기 어렵다. 방사선이 전달하는 에너지의 양이 500밀리시버트(mSv) 이상인 경우에는 세포 사멸로 인해 인체에 결정적인 이상을 일으키며, 이보다 적은 100밀리시버트 이상의 방사선에 피폭되면 우리 인체에 확률론적 영향이 나타나는 것으로 알려져 있다. 세포가 즉각적으로 사멸되지는 않지만 돌연변이 형태로 생존하고 증식하면서 백혈병이나 암세포로 발전할 수 있다는 것이다.

반면, 100밀리시버트 미만의 저선량방사선의 경우에는 확률론적 영향 역시 확인하기 어려워진다. 저선량방사선의 건강 영향을 밝히기 위해 가장 많이 연구된 대상인 히로시마와 나가사키의 원폭 생존자 연구에 따르면, 암 발생은 100밀리시버트 이하의 선량에 피폭된 생존자들에게서는 확인되지 않았다.[1]

저선량 방사선의 생물학적 영향에 대한 미국 국립과학아카데미의 연구보고서(BEIR VII, 2006)는 암 발병의 위험이 저선량에서도 '문턱값' 없이 선형 추세로 진행되며 최소 선량도 인간에게 작은 추가 위험의 증가를 일으킬 잠재성을 지닌다는 '문턱값 없는 선형비례 이론'(LNT: linear-no-threshold)의 위험 모형을 지지한다. 반면 국제 방사선방호위원회(ICRP)는 선형비례 이론을 뒷받침하는 생물학적, 역학적 증거가 존재하지 않기 때문에 저선량 방사선과 관련한 암 또는 유전 질환의 발생 확률 도출 등 공중 보건 계획에 이 모델을 적용하는 것이 적절치 않으며, 방사선 방호의 논리에서 제한적으로 채택되는 것이 타당하다고 밝히고 있다(ICRP, 2007). 또한 저선량 방사선으로 인한 암 발생 가설 중에는 호메시스 효과(hormesis effect)를 주장하는 연

---

1   제14차 일본 원폭 생존자 사망률 연구보고서(2012)는 100밀리시버트 이상의 피폭 생존자들에게서 암 발생률이 의미 있게 증가했다고 밝혔다. 그 이하의 저선량 피폭에 대한 암 발생 위험도는 100밀리시버트 이상에서의 암 발생률을 이용한 외삽(extrapolation)을 추정하여 산출되었다.

구도 발표되고 있다.[2]

　이처럼 현재까지 저선량 방사선이 인체에 미치는 직접적 영향에 대해서는 생물학적, 역학적으로 명확히 증명되지 않았다. 실험 환경 내에서 염색체 손상이 확인되었으나 실제 인체 내 질병 발병의 인과관계에 대해서는 추가 연구가 필요하며, 향후 오랫동안 많은 수의 저선량 피폭자에 대한 추적 관찰이 요구된다.

생활 방사선 위험 이슈의 사회적 소통 특성

　우리는 다양한 건강 위험에 둘러싸여 생활하고 있다. 미세먼지 흡입, 교통사고, 암 발병 등 많은 위험들 중 개인적으로 큰 위험으로 느끼는 것도 있고, 상대적으로 크지 않은 것으로 생각하는 것도 있다. 일반적으로 위험은 부정적인 사건에 처할 확률로 정의되는데, 특정 사안이 가져올 수 있는 부정적인 충격의 정도와 그러한 일이 발생할 수 있는 가능성의 정도가 상호작용하여 위험의 크기를 결정짓는다. 그런데 어떤 경우에는 물리적 영향이 크지 않은 위험 사건이 종종 강력한 대중적 관심을 유발하며, 반대로 크게 주목받지 못하는 위험 사건도 존재한다. 어떤 위험은 사회적으로 증폭되는 반면, 어떤 위험은 감소되기도 하는 것이다.

2　저선량 방사선 노출로 인하여 세포의 면역 기능이 강화되어 이로운 건강 영향을 유발한다는 것으로, 유엔 과학위원회 보고서에 따르면 호메시스 이론은 현재까지 세포나 조직 수준에서 일부 면역 기능을 촉진시키는 것이 확인되었으나 이와 동시에 면역 기능을 억제시키는 연구 결과들이 상존하고 있으며 인체 내 기전에 대한 증거가 불충분하여 과학적 결론을 내리기 어려운 실정이다 (UNSCEAR, 2006).

위험 연구자들은 이를 대중들이 위험을 주관적으로 인식하기 때문이라고 설명한다. 전문가의 위험 인식이 예상되는 피해 수치와 같이 통계적 추정치에 의해 결정되는 데 반해 대중들은 위험의 위해성에 대한 공포나 선입관과 같은 주관적 영역에서 위험을 인식한다는 것이다. 위험의 사회적 증폭 모형(social amplification of risk)은 위험 인식이 커뮤니케이션 과정에서 증폭되거나 축소되기도 한다는 가정 아래 일반 대중들과 전문가 간의 위험 판단 차이를 보여준다(Kasperson 외, 1988).

위험의 사회적 증폭/감쇠 모형은 위험 사안이 심리적, 사회적, 제도적, 문화적 과정과 상호 작용하며 위험에 대한 개인적 또는 사회적 인식을 높이거나 낮추는 방식으로 영향을 미친다는 이론에 기초하고 있으며, 위험이 전달되는 방식에 따라 위험으로 인한 사회적 충격은 증폭되거나 감소될 수 있다는 점을 보여준다(Renn, 2008).

위험의 증폭 과정은 물리적 사건 또는 악영향에 대한 인식으로부터 시작된다. 개인이나 집단은 두 가지 경우 모두에서 사건이나 관점의 구체적인 특성을 선택하고 각자의 방식에 따라 해석한다. 이러한 해석은 하나의 메시지로 형성되고 다른 개인과 그룹에게 전달된다. 집단과 기관의 대표자로서의 역할을 하는 개인은 위험에 관한 정보를 수집하고 대응하며 행동이나 의사소통을 통해 증폭의 플랫폼 역할을 한다. 이러한 1차 행동 및 의사소통 반응은 원래의 위험 상황에 직접적으로 영향을 받는 사람들을 초월하는 2차적 효과를 유발할 수 있다. 부차적 영

위험의 사회적 증폭/감쇄 모형

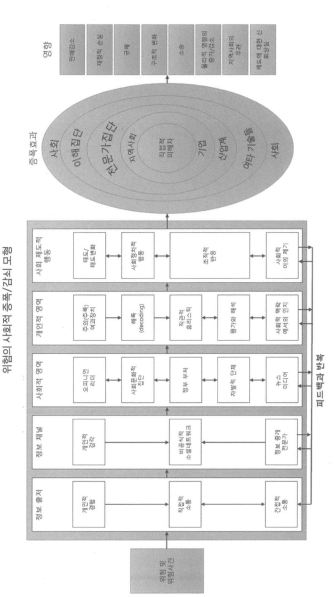

영향
- 판매감소
- 재정적 손실
- 규제
- 구조적 변화
- 소송
- 물리적 영향의 증가/감소
- 지역사회의 우려
- 제도에 대한 신뢰상실

증폭효과

사회
- 이해집단
- 전문가집단
- 지역사회
- 직접적 피해자
- 기업
- 산업계
- 여타 기술들
사회

사회 제도적 행동
- 태도/태도 변화
- 사회정치적 활동
- 조직적 반응
- 사회적 이의 제기

개인적 영역
- 주의(주목)/여과장치
- 해독(decoding)
- 직관적 휴리스틱
- 평가와 해석
- 사회적 맥락 예서의 인지

사회적 영역
- 오피니언 리더
- 사회문화적 집단
- 정부 부서
- 자발적 단체
- 뉴스 미디어

정보 채널
- 개인적 접촉
- 비공식적 소셜네트워크
- 정보 중개 전문가

정보 출처
- 개인적 경험
- 직접적 소통
- 간접적 소통

위험 및 위험사건

피드백과 반복

* 출처: Renn (2008), *Risk Governance: Coping with Uncertainty in a Complex World*, London: Earthscan.

향은 사회 집단이나 기관에 의해 인지되어 3단계 영향을 일으키는 또 다른 증폭 단계로 발전할 수도 있다. 영향의 각 순서는 사회적, 정치적 영향을 전파할 뿐만 아니라 위험 감소에 대한 긍정적 변화를 촉발(위험 증폭 시)하거나 방해(위험 감소 시)하기도 한다.

위험의 사회적 증폭 프레임의 핵심 요소들인 위험 사건, 위험 정보의 특성, 해석 및 반응, 위험 증폭 양상을 중심으로 우리 사회가 2011년 이후 현재까지 경험한 저선량 방사선 건강 영향 문제의 소통 과정을 살펴보면, 위험 사건은 시발점이 된 후쿠시마 원전 사고의 수습이 완료되지 않았으며, 방사능 오염수 유출이나 방사능 수증기 발생과 같은 후속 위험 사건이 추가적으로 발생한 바 있어서 현재적인 성격을 띤다. 위험 정보의 특성은 저선량 방사선 건강 영향에 대한 전문가들의 대립된 견해가 공존하며, 관심이 촉발된 계기가 후쿠시마 원전 사고라는 점에서 원전 사고에 대한 이미지가 위험 정보 인식에 작용할 소지가 있다. 일반적으로 원전 사고의 후속적 위험 정보는 치명성, 통제 불가능성, 외래성 등의 특징이 두드러진다. 해석 및 반응에서는 우려와 대응을 위한 노력이 지속되는 양상을 보인다. 이를테면 2013년에는 휴대용 방사능측정기 판매율이 증가했으며, 시민방사능감시센터와 방사능 방지를 위한 안전한 학교 급식 시민 모임이 발족됐다. 위험 증폭 양상은 후속적인 위험 사안별로 상이한데, 2011년 초기에는 사고가 발행했을 때 요오드, 소금 구입에 대한 관심 급증과 온라인, SNS 상의 방사능 위험 루머 확산 등으로 나타났다면, 2013년 8월에는 국민 77.5%가 수산물 소비량을 평균 48.9%줄였다고 응답한 바 있다.[3] 2018년에는 매트리스, 아파트 등에서 발생하는 라돈에 대한 우려가 이어지자 각 지방자치단체를 중심으로 라돈 검출기 대여 서비스가 확산되고 있다.

스마트한 위험 소통, 새로운 접근이 필요

저선량방사선 건강 영향 이슈에서 중요하게 고려해야 할 또 다른 점은 바로 저선량방사선 자체의 '불확실성 높은 위험' 특성이다. 미량의 방사선이 인체에 어떻게 작용하는지 알기 위해서는 아직 추가적인 연구가 필요한 상황이라고 전문가들은 이야기한다. 안전에 대한 기준치는 100밀리시버트 이상의 방사선 인체 영향에 대한 연구 결과를 외삽(外挿, extrapolation)하여 도출한 추정치이기 때문이다.

'불확실성'(uncertainty)이란 변화의 방향성은 비교적 잘 알려져 있으나, 사건 발생 확률과 영향, 피해 대상 등에 대해서는 확률적인 추정이 어려운 것을 의미한다. 펀토위츠(Funtowicz)와 라베츠(Ravetz)는 '탈정상과학'(Post-Normal Science) 담론(Ravetz, 1999)을 통하여 현대 사회에서 과학이 확실하고 가치중립적이라는 전통적인 가정들은 '시스템 불확실성'과 '판단에 따른 위험 부담'(decision stake)의 문제에 직면하게 되었다고 주장했다.

---

3   수산물 소비가 급감하자 농촌경제연구원 농업관측센터가 2013년 10월 18일부터 20일까지 소비자 패널 661명을 대상으로 수산물 소비 변화에 대한 온라인 설문조사를 실시했다.

과학적 사실은 불확실하고 가치는 다툼의 대상이 되었으며, 이해 관계자들에 따른 위험 부담이 큼과 동시에 긴급한 결정을 요하는 상황이 되었다는 것이다. 그러나 위험 문제 자체에 있어서는 견고한 과학과 유연한 가치가 대비되었던 과거와 달리, 과학은 본래 유연한 것이며 사회적 결정으로 인한 파급 효과는 강력해졌기 때문에 이러한 역설적인 상황을 극복할 새로운 어떤 것이 필요하게 되었다.

시스템의 불확실성도 낮고 의사 결정에 따르는 위험 부담도 낮은 영역은 주로 기술적 차원의 위험에 해당하며, 응용과학에 의해 해결이 가능하다. 중간 영역은 방법론적 차원의 위험이며 전문가 자문으로 해결이 가능하다. 불확실성과 위험 부담이 모두 큰 영역은 인식론적 차원의 위험에 해당하며, 이같이 불확실성이 큰 위험 문제의 대응 과정에서는 불확실한 사실, 논쟁 중인 가치, 복잡한 이해관계, 긴급한 결정에의 요구 등 기존의 위험 대응과는 다른 형태의 대응이 요구된다. 과학자들이 확실하고 객관적인 사실을 제공하면 이를 바탕으로 정책 결정권자들이 합리적인 의사 판단을 내리는 기존의 프로세스가 적용될 수 없는 탈정상과학적 상황이 도래했다고 본 것이다. 예컨대 광우병, 유전자조작식품, 방사능 등의 이슈들에서는 위험의 과학적 예측보다 해당 문제를 둘러싼 이해관계 또는 통제의 주체를 살펴보는 것이 위험을 파악하는 핵심이 될 수 있다.

저선량방사선의 인체 영향과 같이 높은 불확실성을 지닌 위험의 관리에는 기존의 실증적 과학의 방법을 넘어서는 대안적 접근법의 모색이 요구된다. 불확실성은 본질적으로 감소 불가능하거나, 일부 결정들은 높은 수준의 불확실성과 무지 속에서 이루어져야 하므로 이러한 상황에 대처하기 위해서는 기존의 위험 평가 방식이 아닌, 불확실성의 관리라는 새로운 대응 방식의 도입이 요구되는 것이다. 불확실성의 관리 전략은 일반적으로 불확실성이 이해되는지, 대변되는지, 계산되는지, 추정되는지, 소통되는지, 제거되는지, 감소되는지, 수용되는지, 견딜 만한지, 통제되는지, 이용되는지 또는 착취되는지의 여부를 고려하여 통합적인 평가를 통해 이루어질 수 있다.

저선량방사선 건강 영향은 다양한 생활 분야에서 나타나고 있으

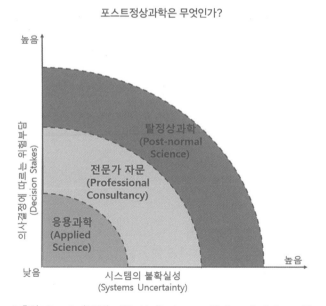

포스트정상과학은 무엇인가?

* 출처: Ravetz (1999), *What is Post-normal Science?*, Futures 31.

며, 이에 따른 국민 이해 확대와 안전 기준치 설정 등 참여적 노력이 요구되는 위험 특성을 지닌다. 전문가 집단이나 관련 전문 기관은 대중에게 이해 증진이나 참여 촉구를 위한 메시지를 전달하고 그에 대해 대중이 반응하는 과정을 통하여 커뮤니케이션 행위를 하게 되는데, 이는 단순한 정보 교환이 아니라 상호간에 위험 상황에 대한 의미를 형성해가는 의미 공유 과정이 된다. 초기 단계에서는 정보 집중 전략이 효과적이다. 정보 전달에서는 시의적이고 적극적인 정보 제공, 정보의 투명성 확보 등이 중점 요소로 제시된다. 정보 구성은 긍정적인 내용의 단면적 메시지(one-sided message)보다는 부정적인 내용을 동시에 포함하는 양면적 메시지(two-sided message)가 대중의 인식 개선에 장기적으로 더욱 효과적인 것으로 알려져 있다. 특히 관련 루머 등 두려움의 요인(fear factors)이 되는 메시지들을 수집하고 이에 대응하는 메시지를 적극적으로 생산, 확산시키는 루머 관리 전략이 필요하며, 위험의 초기 상황에서 정보 중심의 커뮤니케이션에 집중하고, 이후 단계에서는 여론을 모니터링하고 대중의 참여를 유도하여 필요한 후속 전략이 요구된다.

위험 커뮤니케이션 과정에서 투명성 혹은 개방성이 결여되거나 여론을 간과하는 등 위험 관리가 실패로 돌아가는 요인은 다양하지만, 위험 대응을 어렵게 하는 가장 핵심적인 요인은 신뢰의 문제이다. 불확실성이 높은 위험일수록 사회적 신뢰의 필요성은 더욱 커지며, 신뢰의 수준이 낮아지면 갈등이 야기되고 교착 상태에 빠지는 경향을 보이기 때문이다. 슬로빅(Slovic, 1993)은 신뢰가 매우 느리게 형성되고

약하며(fragile), 무너지기 쉬운 반면 회복되기는 매우 어렵다고 보았
으며, 이는 신뢰를 무너뜨리는 부정적인 일들은 신뢰를 구축하는 긍정
적인 일에 비하여 훨씬 뚜렷하게 나타나는 경향이 있다는 '비대칭 원
칙'(asymmetry principle)[4]으로 설명한다. 특히 저선량방사선 건강
영향 이슈에서 신뢰는 커뮤니케이션의 전제와도 같다. 전문가와 대중
의 인식 차이가 매우 크고 복잡할 뿐 아니라 대중은 원전 사고 등 극도로
부정적인 이미지와 저선량 방사선을 연결 지어 인식하기 때문이다.

위험 대응 주체와 대중 간의 신뢰를 바탕으로 불확실성을 효과적
으로 감소시킨 대응 사례로는 SARS의 발병 및 대응 과정이 유명하다.
SARS에 대해 알려진 바는 없지만 문제 해결을 위해 전문가들을 중심으
로 적극적으로 알아가는 과정임을 대중에게 설명하고, 새롭게 획득한
지식은 대중과 공유함으로써 신뢰를 구축하고, 이를 바탕으로 하여 의
료진과 대중이 불확실성을 공동으로 완화했다고 평가된다(Bammer
& Smithson, 2008).

불확실성을 소통하는 국가

실질적인 차원에서 저선량방사선 위험과 관련한 사항은 규제 및

---

4 부정적인 사건들은 대개 사건이나 사고, 거짓, 실수의 발생, 또는 관리 미숙 등 구체적인 형태를
띠는 반면 긍정적인 사건들은 뚜렷하게 나타나지 않으며, 가시적으로 재현될 경우에도 또렷하지 않은
특성을 보인다는 것이다. 그렇기 때문에 위험의 사회 확산을 설명하는 가장 대표적인 이론인 사회적
증폭 이론에서 신뢰의 문제—신뢰의 형태, 변화, 불신의 등장, 또는 신뢰의 재구축—는 위험 소통의
핵심 요인이다.

관리에 있어서의 의사 결정 문제라고 볼 수 있다. 저선량방사선의 건강 영향 문제는 아직 연구가 진행 중인 단계이므로, 이와 관련한 문제의 해결 과정에서는 과학주의적 인식론에 바탕을 둔 기존의 기술 관료적 접근, 즉 전문가주의는 적합하지 않다. 불확실성을 지닌 위험의 관리는 기본적으로 사회적이고 윤리적인 선택에 기반할 수밖에 없으며, 궁극적으로는 참여적인 접근법에 의하여 이러한 불확실성들이 완화될 수 있을 것이다.

탈정상과학적 문제 해결을 위해 제안된 '확대된 동료공동체'(extended peer community)의 역할에 주목할 필요가 있다. 불확실성이 높은 과학 이슈에서는 자연을 객관적으로 표상하고 있는가라는 지식의 사실성 여부보다 확대된 동료공동체를 통해 다양한 존재론적, 인식론적 위치에서 모든 정보가 평가되었는가 하는 지식의 질이 중요하기 때문이다. 비전문가들은 과학자들의 작업을 동료과학자보다 다양한 각도에서 평가하고 보다 현실적으로 적합한 지식을 산출하도록 돕는다.

건강 위험의 불확실성을 소통하는 국가적 차원의 노력은 국민의 불안에 귀 기울이고 이해와 참여 증진을 유도하는 데 있다. 궁극적으로 합의 과정을 통해 위험 수준과 대응 전략을 도출해나가는 것이 건강 위험의 불확실성에 대응하는 커뮤니케이션의 핵심 전략이 될 것이다. 위험과 불확실성은 더 이상 우리가 무엇을 알고 알지 못하는가와 관련된 과학의 영역에 국한되어 있지 않다. 우리가 무엇을 해야 하고 하지 말아야 할지에 대한 사회적 가치 및 문화적 선호와 관련된 것이라는 통합적 접근이 요구된다.

이채원

이화여자대학교에서 신문방송학을 공부하고 고려대학교에서 과학기술학 박사학위를 받았다. 후쿠시마 원전사고 대응을 위해 2014년에 열린 IAEA 국제전문가회의에서 피폭 이해 분야 공동의장을 맡았으며, 저선량방사선 인체 영향의 대중 이해에 대한 연구, 국내 방사능 위험 담론 및 수용자 인식 연구 등을 수행했다. 주요 관심 분야는 과학 및 의학 분야의 리스크 커뮤니케이션, 건강 위험 메시지와 캠페인 전략 개발 등이며, 현재 한국원자력의학원에서 커뮤니케이션팀장으로 재직 중이다.

PART
3.

공기 :
숨 쉬는 지구

깨끗한 공기는 더 이상 공짜가 아니다 공성용　　　　142

"날씨가 변했어요!" 오재호　　　　154

인간의 선택이 미래 기후를 좌우한다 이준이　　　　170

우주에도 날씨가 있다 지건화　　　　181

'공기'는 보이지도 않고 냄새도 나지 않으며 지구상에서 다양한 생물이 숨 쉬고 살아가는 데 필요한 기체로서 지구를 둘러싸고 있는 대기를 의미한다. 지구의 대기는 45억 년 전 지구가 처음 생성된 후 질소, 수소, 수증기, 메탄 등으로 구성된 원시 대기를 거쳐 생물체의 폭발적인 번식이 가능한 다량의 산소를 포함한 상태를 지나 약 21%의 산소를 함유한 현재의 대기로 변화해왔다. 또한 산소의 발생과 함께 생성된 성층권의 오존층이 태양으로부터 오는 유해 자외선을 흡수하게 되자 육상생물들이 생존할 수 있게 되었다.

지표에서 약 1,000km의 고도까지 존재하는 대기권 중 지표면에서 가장 인접한 대류권에는 전체 대기 질량의 80% 정도가 모여 있다. 대기를 구성하는 기체의 기온, 기압, 수분 함량, 공기의 운동과 같은 대기현상은 매일의 날씨를 설명해주고, 좁은 지역이나 넓은 지역에서 장기간에 걸쳐 종합한 기상현상은 기후를 결정지었다. 온도가 안정하여 난류가 발생하지 않는 성층권은 비행기 고도로 이용되며, 오로라가 생기는 열권에서는 강한 태양풍을 맞아 생성되는 전리층이 전파를 반사하는 현상을 이용하여 원거리 무선통신을 가능하게 해준다.

인간의 활동은 약 1만 년 전 농업의 시작과 더불어 지구 환경을 변화시켜오다가 산업혁명 이후에는 인구의 증가와 경제 활동 및 자연 훼손이 급격하게 확대되었다. 노벨화학상 수상자인 대기화학자 파울 크뤼첸은 인간이 지배하는 지구시대, 즉 인류가 지구환경에 큰 영향을 미치는 새로운 지질시대 개념으로 '인류세'(Anthropocene)를 제안하였다. 기후변화, 성층권 오존 고갈, 대기 에어로졸 증가, 화학물질 오염 증가는 해양 산성화, 질소와 인 증가, 물 사용 증가, 토지 사용 변화, 생물 다양성 손실과 함께 지구의 수용 한계를 초과하여 인류의 환경적, 사회적, 경제적 지속가능성을 위협하고 있다.

가뭄, 폭풍, 홍수 등 기후 관련 재해의 증가와 심각해진 대기오염 그리고 우주날씨의 변화는 우리의 생존을 위해 해결해야 할 난제이다. 인류가 지구 생태계에서 종결자인 '호모 엑스테르미나우스'라는 오명을 얻지 않고 깨끗하고 지속가능한 환경을 우리 후손들에게 물려주기 위해, 우리의 결의와 행동에 대해 '호모 사피엔스'로서의 각인이 시급한 시점에 와 있다.

깨끗한 공기는 더 이상 공짜가 아니다

공성용 한국환경정책·평가연구원 선임연구위원

우리가 매일 들이마시는 공기는 생존에 필수적이지만 감사하게도 그동안은 안전에 대한 큰 걱정 없이 호흡해왔다. 하지만 산업 발달에 따라 화석연료와 화학물질 사용량이 급증하면서 이제는 더 이상 예전같이 공기를 안심하고 사용할 수 없게 되었다. 이러한 현상은 이미 예견되었기에 새삼스러운 일은 아니다. OECD(2016) 보고서[1]에 따르면 2010년에만 해도 3백만 명이 대기오염 때문에 조기 사망한 것으로 추정되며, European Environment Agency (EEA)[2]는 2014년에 대

---

1 OECD (2016), "The Economic Consequences of Air Pollution" (http://www.oecd.org/env/air-pollution-to-cause-6-9-million-premature-deaths- and-cost-1-gdp-by-2060.htm).

2 EEA (2017), "Air Quality in Europe: 2017 Report" (https://www.eea.europa.eu/publications/air-quality -in-europe-2017).

기오염으로 인한 EU 국가의 조기 사망자가 399,000명이라고 보고하고 있다. 불행히도 우리나라는 OECD 회원국 중에서 대기오염이 아주 심한 국가에 속한다. 적절한 대책이 수반되지 않으면 그 피해가 더욱 커질 것이다.

산업 및 경제 활동으로 소모된 에너지와 물질은 그 특성에 따라 공기, 물, 토양 등으로 배출되며 그 종류도 매우 다양하다. 이 중에서도 건강 및 자연에 미치는 영향이 큰 물질은 국가가 그 기준을 정하여 관리하고 있다. 우리나라는 아황산가스(SO_2), 일산화탄소(CO), 이산화질소(NO_2), 미세먼지(PM_{10}, $PM_{2.5}$), 오존(O_3), 납(Pb), 그리고 벤젠(C_6H_6) 등 7개의 물질에 대하여 장 단기 환경기준[3]이 설정되어 있다. 필자는 이 중 최근에 국민적 관심이 크고 사회적 문제로 대두된 미세먼지(PM_{10}, $PM_{2.5}$)를 중심으로 서술하겠다.

대기오염이 일으키는 건강 피해 현황

일반적으로 입자의 크기와 화학 성분이 완전히 독립된 것이 아니기 때문에 입자의 크기와 독성의 관계를 명확히 하는 것은 어렵지만, 초미세먼지($PM_{2.5}$)와 같이 크기가 매우 작은 입자는 크기 자체만으로도 독성의 원인이 되는 것으로 간주된다. 이는 호흡에 의해 폐포까지 침투하여 각종 질환을 일으키거나 혈액에 용해되어 인체의 각 부분으로 전

---

3 환경기준이란 '국민의 건강을 보호하고 쾌적한 환경을 조성하기 위하여 국가가 달성하고 유지하는 것이 바람직한 환경상의 조건 또는 질적인 수준'을 의미하며, 국가는 환경기준 달성의 의무를 가진다. 그러나 환경기준을 달성했다고 해서 건강에 영향을 주지 않는다는 뜻은 아니다.

달되기 때문이다. 더구나 동일한 질량 농도라도 미세먼지(PM$_{10}$)보다 초미세먼지(PM$_{2.5}$)가 더 인체에 유해한데, 이는 초미세먼지가 입자 수가 많고 표면적도 넓어서 유해물질을 더 많이 흡착할 수 있기 때문이다. 또한 작은 입자일수록 기관지로부터 다른 기관으로의 이동이 용이한 것도 원인으로 간주된다.

초미세먼지를 구성하고 있는 화학 성분도 인체에 독성을 나타내는 직접적인 요소가 된다. 초미세먼지의 주요 성분으로는 유기탄소(organic carbon)와 원소탄소(elemental carbon), 중금속(heavy metals), 그리고 황산암모늄(ammonium sulfates)이나 질산암모늄(ammonium nitrates) 등이 있다. 먼저 유기탄소나 원소탄소는 동맥의 크기와 심장 박동 수의 변화를 가져오고 지질의 산화에도 관여하는 것으로 알려져 있다. 이 연구가 가장 활발하게 진행된 것은 경유차에서 배출되는 디젤 입자(diesel exhaust particles)의 영향에 관한 것이다. 2012년에 세계보건기구(WHO)는 디젤 입자를 폐 발암물질로 분류하였고 방광암의 위험도 증가시킬 수 있음을 경고했다. 유기탄소 중 물에 용해되지 않는 성분은 생체 내에서 축적될 가능성이 있고 장기간에 걸쳐 누적이 되면 건강에 큰 영향을 줄 수가 있다. 성분 중 전이금속[4] 역시 건강에 부정적인 영향을 미치는데 이는 전이금속이 가지는 산화력에 기인한다. 즉, 용해성 전이금속은 반응 과정에서 전자를 전달하거나 산화 환원반응

---

4 보통 원자번호 21인 스칸듐부터 30인 아연까지, 원자번호 39인 이트륨부터 48인 카드뮴까지, 원자번호 57인 란타넘부터 80인 수은까지의 원소들과 원자번호 89인 악티늄을 포함시킨다.

을 통해 자유 라디칼(free radical)을 생산하여 세포를 산화시키는 역할을 한다. 하지만 아직 모든 금속이 동일한 독성을 가지는지, 또는 상대적 독성이 어떠한지는 불분명하며 전이금속의 물성 중 하나인 용해도가 중요한 요소인 것으로 간주된다. 황산염과 질산염은 대기에서 반응하여 생성되는 2차 오염물질인데, 인체 내에 흡수되어 강한 산성을 띠기 때문에 건강에 부정적인 영향을 미치는 것으로 간주된다. 그러나 황산염과 질산염이 조성의 비중으로는 중요하지만 독성 측면에서는 조성 비율만큼의 역할은 하지 않는 것으로 알려져 있다.[5]

요약하자면 초미세먼지가 건강에 부정적인 영향을 미치는 것은 분명하지만 건강에 영향을 미치는 기전이 명확하지는 않다는 것이다. 입자의 크기만 하더라도 입자 자체가 영향을 미치는 요인인지, 혹은 입자가 작기 때문에 같은 질량 농도에서 입자 수가 많기 때문인지, 아니면 표면적이 커서 보다 많은 화학물질을 흡착할 수 있기 때문인지도 불분명하다. 다만 독성의 관점에서 보면 화석연료의 연소(도시의 경우 자동차 배출가스)에서 발생되는 먼지가 중요하다는 사실은 여러 연구에서 밝혀지고 있다. 화석연료가 연소할 때 발생되는 먼지는 유기탄소와 금속 성분을 많이 포함하고 있고 입자의 수가 많으며(동일한 질량 농도에

---

5 Schlesinger RB, Cassee F (2003), "Atmospheric Secondary Inorganic Particulate Matter: The Toxicological Perspective as a Basis for Health Effects Risk Assessment", *Inhalation Toxicology* vol. 15; Maciejczyk P, Chen LC (2005), "Effects of Subchronic Exposures to Concentrated Ambient Particles (CAPs) in Mice. VIII. Source-related Daily Variations in Vitro Responses to CAPs", *Inhalation Toxicology* vol. 17.

서) 표면적도 큰 특성이 있기 때문이나.

OECD(2016) 보고서에 따르면 대기오염에 의한 조기 사망자는 2010년에 세계적으로 3백만 명에서 2060년에는 6백만~9백만 명으로 증가할 것으로 추정하고 있다. 물론 이는 개별 국가의 인구와 에너지 소비량, 그리고 도시화 정도에 따라 크게 차이가 나며, 인도나 중국 같은 신흥 경제성장국과 OECD 회원국과의 차이는 크다. 초미세먼지는 조기 사망 이외에도 기침이나 천식 등 호흡기 관련 질병을 유발하는 것으로 알려져 있으며, 농작물에 대한 피해 등 사회적 비용도 만만하지 않은 규모이다. 이 보고서는 공기오염으로 인한 사회적 피해 비용을 노동생산성 감소와 의료비 지출 증가, 그리고 농작물 피해로 구분하여 산정했는데, 이에 따르면 2014년에는 세계 GDP의 0.3% 규모이며 2060년에는 1.0%까지 증가할 것으로 예측하였다. 한국은 OECD 국가 중에서 비교적 조기 사망자 수가 많은 편이며 향후에도 그 수가 높은 비율로 증가할 것으로 예측되었다(인구 100만 명당 2010년에 359명에서 2060년에는 1,069~1,109명으로 증가). 이는 우리나라가 그동안의 많은 노력에도 불구하고 아직 대기질은 개선의 여지가 많다는 사실을 의미한다.

비교적 공기가 깨끗한 유럽의 경우에도 오염으로 인한 피해는 작지 않다. EEA(2017) 보고서에 따르면 2014년에 초미세먼지 노출에 의한 조기 사망자 수는 유럽 41개국 전체에서는 428,000명, 28개 EU 회원국에서는 399,000명으로 추정되었다. 그리고 수명 손실 연수(years of life lost)는 유럽 41개국과 28개 EU 회원국에 대하여 각각

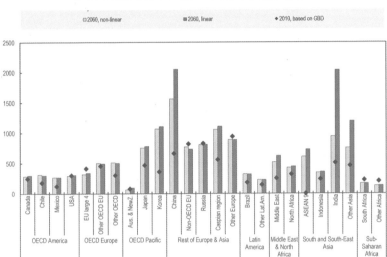

[그림 1] 오존과 먼지에 의한 조기 사망자 수 전망(천 명)[6]

4,574,100년과 4,278,800년으로 추정되었다. 조기 사망자 수와 수명 손실 연수는 모두 공기오염이 심할수록, 그리고 노출 인구가 많을수록 증가하므로 국가 간의 비교에는 적합하지 않다. 그래서 인구 규모를 반영하여 비교하게 되는데, EEA(2017)의 보고서에 따르면 인구 1만 명당 수명 손실 연수는 유럽 41개국은 856년, EU 회원국은 852년으로 유사하다. 하지만 아이슬란드는 276년, 불가리아는 1,873년으로 국가 간의 차이가 매우 크다. 이는 각국의 대기 농도와 직접 관련이 있으며 당연히 공기오염이 심한 곳일수록 그 피해가 큼을 알 수 있다.

---

6 앞의 OECD (2016).

[그림 2] 오존과 먼지에 의한 GDP 변화 전망[7]

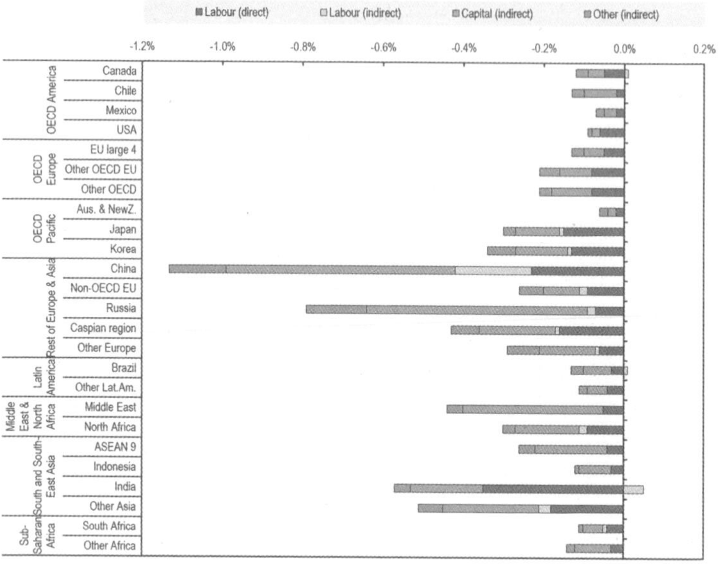

| | ■ Labour (direct) | ▨ Labour (indirect) | ▨ Capital (indirect) | ▨ Other (indirect) |

우리나라의 공기오염에 대한 연구도 다수 진행되었다. 홍윤철 (2018)[8]은 2015년에 한국에서 초미세먼지로 인한 조기 사망자가 12,000명에 이른다고 추정하면서 초미세먼지 농도를 WHO 권고 수 준인 10μg/m³로 줄인다면 8,539명의 조기 사망자를 예방할 수 있다 고 분석했다. 또한 미국 시카고대학교 EPIC(2018)[9]는 초미세먼지 농

7 앞의 글.

8 Hong et al. (2018), "Spatial and Temporal Trends of Number of Deaths Attributable to Ambient PM2.5 in the Korea", *JKMS* vol. 33, no. 30.

9 EPIC (2018), "Introducing the Air Quality Life Index."

도를 $10\mu g/m^3$로 줄인다면 한국 국민의 평균 수명이 1.4년 늘어날 것이라고 예견했다. KEI(2017)는 2015년에 한국의 수도권에서만 65세 이상의 조기 사망자가 1,376명이고 피해 비용은 1조 3,955억 원이라고 발표한 바 있다. 이외에도 다수의 논문과 연구 결과는 연구자마다 약간의 차이는 있지만, 우리가 호흡하고 있는 공기가 우리의 건강과 재산에 상당한 피해를 주고 있다는 사실을 명백히 보여준다.

대기 관리 정책과 규제 현황

우리나라의 GDP는 1981년에 49,324십억 원에서 2015년에는 1,564,124십억 원으로 그 사이 30배가 증가하였다.[10] 반면에 대기오염의 주요 원인이라고 할 수 있는 1차 에너지 소비량은 같은 기간에 45,718천TOE에서 286,936천TOE로 약 5배 증가하였고(연평균 15.5% 증가),[11] 1인당 자동차 등록 대수는 57만 대에서 2,099만 대로 약 39배 증가하였다(연평균 105% 증가).[12] 이 지표는 괄목할 만한 경제 성장의 대가로 우리의 공기는 몹시 나빠졌음을 의미한다.

대기오염이 악화되는 것을 막고 개선을 위하여 그동안 정부와 국민은 많이 노력해왔다. 고체연료 사용을 금지하고, 저황유 사용을 의무화하고, 무연휘발유와 천연가스를 보급하고, 산업시설에 대한 배출 허용 기준을 강화하고, 친환경 자동차를 보급하는 등 산업과 경제 활동에

---

10 e-나라지표(http://www.index.go.kr/potal/main/EachDtlPageDetail.do?idx_cd=2736).
11 국가에너지통계 종합정보시스템(http://www.kesis.net/).
12 e-나라지표(http://www.index.go.kr/potal/main/EachDtlPageDetail.do?idx_cd=1257).

「그림 3] 도시 대기 측정망의 광역지지체별 PM10 연평균 농노 변화[13]

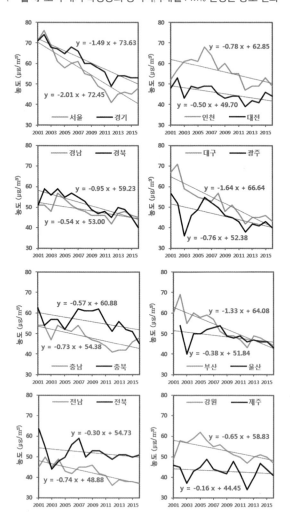

13 KEI (2018), 「미세먼지 통합관리 전략수립 연구」, 중간 보고 발표 자료.

직접적인 영향을 미칠 수 있는 다양한 정책들을 펼쳤다. 그 결과 미세먼지(PM$_{10}$) 경우는 눈에 띄는 성과를 거두었다. [그림 3]과 같이 미세먼지(PM$_{10}$)의 농도는 지속적으로 감소해왔다.

하지만 고농도의 초미세먼지(PM$_{2.5}$)가 자주 발생하면서 건강에 대한 많은 우려가 사회적인 문제로 대두되었다. 이에 정부와 학계에서도 이 문제 해결을 위해 노력하고 있다. 정부는 범부처 합동으로 2017년 9월에 '미세먼지 종합대책'을 마련하였고, 이를 보완하기 위해 2018년 11월에는 '비상상시 미세먼지 관리 강화대책'을 발표하였다. 그 주요 내용은 오염물질 배출량을 저감하기 위한 계획과 노출을 저감하기 위한 계획으로 구분되는데, 화력발전소 가동 중지 및 폐지, 먼지 총량제 시행, 사업장 질소산화물 배출부과금제도 신설과 총량제의 전국 확대, 발전용 에너지 세율 조정과 친환경차협력금제 시행 등 과감한 규제들이 포함되어 있다. 또한 고농도 초미세먼지가 발생하면 차량 2부제를 의무적으로 실시하고 배출가스 5등급 경유차의 운행을 제한하는 등 그동안 학계에서는 필요성이 인정되었으나 시민의 불편함을 초래한다는 이유로 도입되지 못했던 규제들도 포함되어 있다.[14] 물론 이러한 정책을 이행하기 위해 요구되는 예산이 차질 없이 확보되어야 하겠지만, 시민과 기업의 참여 없이는 효과를 얻기 어려운 규제도 다수 포함되어 있다.

---

14 '미세먼지 종합대책'에 포함된 수단은 상당히 많고 광범위하다. 정량적으로 효과를 평가할 수 있는 수단만 50가지가 넘는다.

대기오염 감소 프로젝트와 우리의 숙제

초미세먼지($PM_{2.5}$) 대기오염의 과학적 메커니즘은 매우 복잡하기에 이를 규명하려는 연구는 여전히 진행되고 있다. 정부는 KIST를 중심으로 국내 전문가들을 구성하여 '미세먼지 국가전략 프로젝트'를 진행 중이다. 이 프로젝트의 목표는 초미세먼지 배출원에 대한 정확한 데이터를 확보하고, 그 생성의 메커니즘을 규명하고, 수치모델의 정확도를 향상시키고, 비용 면에서 효과적인 감소 기술을 개발하고, 노출 평가 및 노출을 저감하는 장비를 개발하는 것인데, 현재 2년째 연구 진행을 하고 있다. 이 프로젝트가 성공적으로 수행되면 초미세먼지 문제 해결에 큰 도움이 될 것으로 기대하고 있다. 하지만 초미세먼지 문제는 과학기술만의 문제는 아니다. 그것은 오히려 규제로 대표되는 법적 제도적 문제이면서 여론 수용 측면에서는 정치적 문제이기도 하다. 또한 이해당사자들의 이해와 참여가 필요한 사회적 문제이기도 하며, 수도권과 비수도권 또는 산업단지 지역과 그렇지 않은 지역의 관점에서는 지역적 문제이기도 하다. 그만큼 복잡하며 모두를 만족시킬 수 없는 문제이기도 하다. 다만, 대기오염의 폐해와 심각성을 잘 알고 있는 만큼 필자는 다음과 같은 각성과 동참이 필요함을 강조하지 않을 수 없다.

초미세먼지 문제는 어느 특정 배출원에서의 배출량 감소만으로는 해결되지 않는다. 모든 배출원에서 감소 가능한 것은 감소시켜야 한다는 '십시일반'의 인식이 필요하다. 그 이유는 분명하다. 모든 규제나 대책에는 비용과 불편함을 동반된다. 그러나 지금의 상황은 국민적인 차원에서 비용과 불편함을 감수하지 않고는 해결할 수가 없다. 이것은 매우 중요하다. 차량 2부제 시행이라든지 경유차 운행 제한 등의 조치는 일반 시민들의 불편함을 초래할 뿐만 아니라, 차량을 생계 수단으로 사용하고 있는 사람들에게는 불편함을 넘어서는 생존의 문제이기도 하다. 그리고 화력발전소의 가동 중지나 폐지, 친환경 에너지로의 전환, 그리고 발전용 에너지 세율 조정 등은 전기료 상승과 연결될 것이므로 이는 결과적으로 기업이나 가계의 부담이 될 것이다. 그럼에도 불구하고 이러한 정책들을 시민이나 기업이 기꺼이 수용하지 않으면 정부의 계획이 추진될 수 없으며, 우리가 희망하는 수준의 대기질 개선은 어렵게 된다. 대기 관리의 기본 원칙은 오염을 일으킨 사람이 부담하는 것이다. 깨끗한 공기는 공짜로 주어지지 않는다. 그런 세상이 되었다.

공성용

서울대학교 화학공학과를 졸업하고 KAIST에서 공학박사를 취득하였다. 이후 KIST CFC 대체기술센터, (재)포항산업과학연구원 환경연구실에서 근무하였고 1997년부터 한국환경정책·평가연구원에서 환경정책 연구를 수행하고 있다. 대기환경관리 정책과 사업장 대기배출시설 관리, 화학물질 관리 분야에서 많은 연구를 진행하였고 최근에는 PM2.5 관리계획 및 저감대책에 관심이 많다. 미세먼지 특별대책위원회위원, 자체감사위원회 위원 등 환경부 자문위원으로 활동하고 있으며 그간의 공로를 인정받아 2017년에 대통령 표창을 받았다. 현재는 한국환경정책·평가연구원에서 기후대기안전본부장으로 재직 중이다.

"날씨가 변했어요!"
-
오재호 부경대학교 명예교수

2013년 9월에 IPCC 제5차 보고서는 1950년부터 가시적으로 나타난 현재의 지구온난화는 적어도 95% 이상이 화석연료 사용을 위시한 우리의 산업 활동에 기인한다고 발표했다.[1] 지표 기온과 해양의 온도가 상승하여 지난 133년간(1880~2012년) 지구의 평균 기온이 0.85℃ 상승하였다.[2] 또 지구온난화로 인해 전 세계적으로 빙상과 빙하의 양은 줄어들고 있다. 해빙의 경우 북극에서는 면적이 줄

---

1 IPCC (2013), *Climate Change 2013: The Physical Science Basis. Contribution of Working Group I to the Fifth Assessment Report of the Intergovernmental Panel on Climate Change* [Stocker, T. F., D. Qin, G.-K. Plattner, M. Tignor, S. K. Allen, J. Boschung, A. Nauels, Y. Xia, V. Bex and P. M. Midgley (eds.)], Cambridge University Press, Cambridge, United Kingdom and New York, NY, USA, pp. 1535.

2 IPCC 제4차 보고서에서는 지난 100년간(1906~2005년) 지구의 평균 온도가 0.74(0.56~0.92)℃ 상승했다고 보고했다.

고 있으나, 남극은 지역적으로 면적이 조금 늘어났다. 해수면의 높이
도 1901~2010년 동안 19cm 상승하였다. 1901~1992년의 전 지
구 해수면 상승률은 1.7mm/yr인 데 반해, 1993~2010년의 상승률
은 3.2mm/yr로 분석되어 해수면 상승이 가속화되고 있는 실정이다
(IPCC, 2013, SPM 11p).

현실로 나타나기 시작한 기후 위기

2015년 12월에 프랑스 파리에서 개최됐던 제21차 기후변화당사
국총회(COP21)에서 신(新)기후체제에 관한 '파리협정'이 채택됐다.
당시 파리협정에서는 국제 사회의 공동 목표를 구체화하여 지구 평균
기온의 상승을 산업화 이전 대비 섭씨 2도보다 상당히 낮은 수준으로
유지하고, 1.5도로 제한하기 위한 노력을 명시하였다. 지구 평균 기온
상승을 산업혁명 이전 대비 2℃ 이내에서 억제하기 위해서는 대기 중
이산화탄소로 환산한 온실가스 농도(CO_2 eq 농도)를 450ppm 이하
로 유지해야 한다. 이는 지구를 지속 가능한 상태로 유지하기 위해서는
대기 중 온실가스 배출을 획기적으로 줄여야만 한다는 것을 의미한다.

기후시스템의 작동 원리를 바탕으로 하는 기후모델에 의한 예측을
바탕으로 작성된 IPCC의 미래 기후 변화에 대한 보고서에서는 현재 추
세로 온실가스를 배출한다면(RCP 8.5 시나리오), [표 1]에서 제시된
것과 같이, 금세기 말(2081~2100년)의 지구 평균 기온은 3.7℃, 해
수면은 63cm 상승한다고 전망하고, 만약 온실가스 감축 정책이 상당
히 실현되는 경우(RCP 4.5 시나리오) 금세기 말 지구의 평균 기온은

1.8℃, 해수면은 47cm 상승한다고 전망하였다(IPCC, 2013, Table SPM 2, p. 23).

2012년에 기상청에서 발표한 한반도의 미래 기후 전망에서도 현재의 온실가스 배출 추세를 유지할 경우(RCP 8.5 시나리오), 21세기 후반(2071~2100) 한반도 기온은 현재(1981~2010)보다 5.7℃ 상승하며, 북한의 기온 상승(+6.0℃)이 남한보다(+5.3℃) 더 클 것으로 전망했다([표 1] 참조).

2006년 10월에 발표된 스턴보고서(Stern Review)에 의하면,[3] 지구 평균 온도는 향후 50년 이내에 산업화 이전 수준(1750~1850년) 대비 2~3℃ 오르는 경우, 전 세계적으로 홍수 위험도를 높이는 한편, 물 공급 능력이 상당히 위축될 것이며, 곡물 수확량이 감소하여, 일부 국가에서는 심각한 식량 부족에 직면하게 될 것임을 경고하였다. 스턴보고서는 나아가 2010년 3월 11일에는 현재 이미 전 세계적으로 2,500만 명에서 5,000만 명 정도의 기후 난민이 발생하였으며, 이는 궁극적으로 세계적인 분쟁의 원인으로 발전하게 될 것이며, 궁극적으로 기후전쟁으로 연결될 것이라고 주장했다.[4]

2016년부터 3년째 가뭄에 시달리고 있는 남아프리카공화국 제2

---

3 Stern, N. (2006), "Stern Review on The Economics of Climate Change. Executive Summary", HM Treasury, London. Archived from the original on 31 January 2010. Retrieved 31 January 2010.

4 http://grist.org/climate-policy/2011-03-10-nicholas-stern- climate-inaction-risks- new-world-war/

[표 1] IPCC SRES 시나리오에 따른 지구온난화 현상

RCP4.5 시나리오: 온실가스 감축 정책이 상당히 실현	RCP8.5 시나리오: 현재 추세로 온실가스를 배출
• 지구 평균 기온: 1.8℃ 상승 • 한반도 기온: 3.0℃ 상승 – 남한: 5.3℃ 상승 – 북한: 6.0℃ 상승	• 지구 평균 기온: 3.7℃ 상승 • 한반도 기온: 5.7℃ 상승 – 남한: 5.3℃ 상승 – 북한: 6.0℃ 상승
• 한반도 강수량: 16% 증가	• 한반도 강수량: 17.6% 증가
• 해수면: 47cm 상승 • 한반도 해수면 – 남해안과 서해안: 53cm 상승 – 동해안: 74cm 상승	• 해수면: 63cm 상승 • 한반도 해수면 – 남해안과 서해안: 65cm 상승 – 동해안: 99cm 상승
• 한반도 폭염 일수: 13.1일 수준으로 증가	• 한반도 폭염 일수: 30.2일 수준으로 증가
• 한반도 열대야 일수: 13.6일 수준으로 증가	• 한반도 열대야 일수: 37.2일 수준으로 증가

의 도시 케이프타운은 100년 만에 찾아온 최악의 가뭄으로 도시 전역의 급수를 전면 포기하는 '데이 제로'(Day Zero)를 향한 카운트다운에 돌입했다.[5] 뒤쪽의 [그림 1]에 제시된 것과 같이 지난 3년간 강우량이 급격히 줄면서 현재 댐에 남아 있는 수량은 최대 수용량의 24% 수준에 그치고 있다.

전문가들은 케이프타운 가뭄의 원인으로 인구 급증과 더불어 지구온난화 등 급격한 기후 변화를 꼽았다. 그러나 케이프타운 물 부족 사태가 예고된 인재(人災)였다는 지적도 있다. 지난 2007년부터 남아공 수

5 http://news.chosun.com/site/data/html_dir/2018/02/21/2018022102410.html

자원국은 케이프타운의 물 부족 사태를 예측하고, 이를 대비해 해수담수화, 지하수 등으로 수자원을 확보해야 한다고 경고했다. 그러나 인구 급증에도 불구하고 케이프타운시 당국은 수자원 개발에 매우 소극적으로 대응했다. 급기야 2018년 2월 13일에 남아공 정부는 3년간 이어진 가뭄의 규모와 심각성을 재평가한 결과를 토대로 국가재난사태를 선포했다. 이와 같은 물 부족 문제가 케이프타운만의 위기가 아니다. 기후가 급변하고 있는 가운데 전 세계의 물 부족이 악화되고 있어, 데이 제로는 우리 모두에게 다가오고 있다.

[그림 1] 숫자로 본 남아프리카공화국 케이프타운의 데미 제로(Day Zero)

* 출처: https://www.businesslive.co.za/fm/fm-fox/numbers/2017-12-14-cape-towns-drought-by-the-numbers/

너무 덥고 마른 지구

지난해(2018년)의 장마는 6월 19일에 제주도에서 시작되어 7월 11일에 중부지방에 비가 내린 후 종료되었다. 장마 기간은 제주도가 21일, 남부지방이 14일, 중부지방이 16일로 평년의 32일보다 매우 짧았다. 장마가 일찍 종료되면서 곧바로 전국적으로 폭염이 지속되었다. 최악이라고 일컬어진 지난해 폭염이었다. 2018년 우리나라는 8월 9일(목)까지 전국 45개 지점에서 폭염 일수가 24.6일을 기록하여 평년보다 17.3일 높았고, 열대야 일수는 13.1일로 평년보다 9.5일을 높게 나타났다. 기상 관측이 시작된 1917년 이후 가장 무더웠던 1942년 8월 1일 대구의 낮 최고 기온 40도를 넘어섰다. 이전까지 우리나라에서 기온이 40도 이상으로 오른 기록은 1942년 8월 1일 대구(40.0도) 단한 번뿐이었다. 하지만 8월 1일에는 홍천(41.0도)을 비롯해 강원 춘천(40.6도), 경북 의성(40.4도), 경기 양평(40.1도), 충북 충주(40.0도) 등 5곳이 40도를 돌파하며 지역별 역대 최고 기온을 경신했다. 서울에서도 39.6도까지 기온이 치솟았다. 이는 기존 가장 높은 기온이었던 1994년 7월 24일의 38.4도보다 1.2도나 높아 기상 관측을 시작한(1907년 10월 1일) 이래 111년 만에 가장 높은 수치를 기록했다.[6] 연이어 "초열대야"라는 신조어를 등장시킨 열대야가 지난해 8월 2일(30.3도), 3일(30.0도) 등 이틀간 온종일 수은주가 30도 이상 유지되는 폭염이 지속되었다. 급기야 정부는 그동안 재난 항목에서 제외되었

---

6 기상청, 「2018년과 1994년 폭염 비교」, 2018년 8월 17일 보도자료.

던 폭염을 추가하기로 하였다.

한반도를 뒤덮었던 폭염은 북미, 유럽, 아시아 등 북반구 곳곳에서
도 맹위를 떨쳤다. 미국 NASA는 2018년 7월은 1880년에 제대로 지
구 기온 관측을 시작한 이후 2016년과 2017년에 이어 세 번째로 가
장 더웠다고 발표했다.[7] 이와 같은 폭염으로 미국 캘리포니아와 북유럽
의 스웨덴, 그리고 시베리아에서 대규모 산불이 발생했다. 일본에서도
2018년 7월 23일에 구마가야 시에서 기온이 41.1도를 기록했고, 도
쿄 중심부도 사상 처음으로 40도 이상을 기록하는 등 잇따른 폭염으로
인해 2만 2천 명 이상의 온열병 환자가 발생했다. 일본 정부는 7월 29
일까지 125명 이상이 사망하자 폭염을 자연재해로 선포했다.[8]

2018년 7월 26일의 중국 중앙기상대 발표에 따르면, 태풍이 쓸고
간 중국 대륙에 40도가 넘는 폭염이 중국 중동부 지역과 서부 지역 전체
로 확장되었다.[9] 허베이(河北)성 이남에서 푸젠(福建)성에 이르는 중
동부와 신장(新疆) 위구르자치구, 간쑤(甘肅)성 등 서부 지역에서는
최고 기온이 40도에 육박하는 폭염이 20일 이상 지속되었다.[10] 중국 랴
오둥반도와 산둥반도 인근의 바닷물 온도가 34도까지 올라가고, 수심

---

7   https://www.axios.com/july-2018-was-third-warmest-such-month-on-earth-
    1534345383-9fdaa57a-6f86-45b2-acce-208095d8a4a0.html
8   김정선, 「일본 '살인폭염'…엿새간 94명 사망」, 연합뉴스TV, 2018년 7월 24일.
    (확인 날짜: 2018년 7월 31일)
9   http://news.hankyung.com/article/201807261364Y
10 http://www.yonhapnews.co.kr/bulletin/2018/08/02/0200000000AKR20180802088400097.
    HTML

2미터 이내 바닷물 온도도 30도를 넘어서면서 90% 이상의 양식업계에 큰 피해가 발생했다.[11]

또한 뒤쪽의 [표 2]에서 제시되고 있는 것처럼 북반구를 강타한 폭염으로 유럽의 북부와 남부가 불탔다. 스웨덴을 비롯한 스칸디나비아 반도와 인근 지역에서는 35도가 넘는 폭염과 더불어 가뭄으로 프랑스 파리 면적의 2배가 넘는 2만 5천 헥타르의 삼림에 산불이 대규모로 발생하여 주변국의 도움을 받아 겨우 진압했다. 한편 발칸반도를 위시한 남부 유럽에서도 폭염, 가뭄, 산불 재난이 혼재되어 발생했다. 그리고 아테네와 인근 지역은 섭씨 40도를 넘는 불볕더위로 산불이 날 수 있는 최적의 상태에서 대형 산불이 발생하여 60명이 사망하고, 170여 명이 부상했다. 이에 그리스 정부는 이들 지역에 비상사태를 선포하고 대피령을 내렸다.[12]

너무 추운 겨울은 또 왜?

2014년 1월에 북미 지역에 불어닥친 한파로 103년 만에 나이아가라 폭포 물줄기가 얼어붙었다. 이는 지난 1911년 이후 103년 만이다. 나이아가라 폭포가 위치한 미국 뉴욕 주와 캐나다 온타리오 주 일대는 한파가 일주일째 이어지며 기온이 영하 37도, 체감온도는 영하 50도를 기록하면서 20여 명이 목숨을 잃었으며 1만 8천여 편 항공기가

---

11 https://www.youtube.com/watch?v=o4ajmzeuthE
12 http://www.hani.co.kr/arti/international/europe/854681.html

[표 2] 2010년 7월부터 최근(8월 16일)까지 전 지구 폭염 발생 현황

국가	폭염 현황
스웨덴	100년 만의 폭염, 최고 기온 34.6℃ 기록, 관측 사상 최고 기온 기록
노르웨이	최고 기온 33.5℃(마두포스, 7월 17일), 북부 밤 최저 기온 25.2℃(마카르, 7월 18일) 기록
핀란드	최고 기온 33.4℃(케보) 기록, 7월 기온 관측 사상 최고 기록, 사이마 호수 수심 1m 기온 27℃ 기록
아일랜드	최고 기온 25℃ 이상 기록
영국	7월 기온 관측 사상 세 번째 기록, 7월 전반 강수량 47mm 기록
독일	최고 기온 37℃ 기록
스페인	최고 기온 47℃ 기록, 27개 주 폭염특보 발효, 북아프리카의 뜨거운 기단 영향
포르투갈	최고 기온 47℃ 기록(알베가, 8월 4일), 16개 지역 최고 기온 45℃ 기록
그리스	최고 기온 40℃ 기록
러시아	서시베리아 최고 기온 30℃ 기록, 평년 대비 7℃ 이상 높은 기온 기록
알제리	사하라사막 최고 기온 51.3℃(우아르글라, 7월 5일), 관측 사상 최고 기온 기록
모로코	최고 기온 43.4℃ 기록(7월 3일), 관측 사상 최고 기온 기록
아르메니아	최고 기온 42℃ 기록, 평년 대비 최고 9℃ 이상 높은 기온, 7월 최고 기온 기록(6. 29~7. 12)
오만	최저 기온 42.6℃ 기록(6월 28일), 최저 기온 세계 최고 기록 경신
중국	동북부 최고 기온 37.3℃ 기록(선양, 8월 1일), 20일 연속 고온경보 발령
대만	최고 기온 40.3℃ 기록(톈샹, 7월 9일)
일본	최고 기온 41.1℃(구마가야), 40.8℃(도쿄) 기록(7월 23일), 7월 기온 동부 관측 사상 최고, 서부 두 번째 기록
미국	로스앤젤레스 최고 기온 48.9℃ 기록, 데스밸리 52℃ 기록(7월 8일), 냉방 대피소 설치, 93년 만의 최고 기온 기록
캐나다	퀘백 폭염, 최고 기온 37℃ 기록(여름 평년기온 21℃)

* 출처: 기상청, 「2018년과 1994년 폭염 비교」(2018년 8월 17일 보도자료)

결항되는 등 피해가 약 5조 원대에 이르는 것으로 전해졌다.

2015년 2월에도 나이아가라 폭포의 일부가 얼어붙었으며, 그후 3년 만에 다시 나이아가라 폭포가 얼어붙었다. 2018년 1월 2일에 미국 북동부를 강타한 기록적인 한파로 나이아가라 폭포가 얼어붙었다. 미국 북동부를 덮친 시속 95km의 강풍을 동반한 '저기압 폭탄'(bomb cyclone)으로 사망자 수가 17명에 달했고, 4천 편이 넘는 비행기가 결항됐으며 뉴욕, 필라델피아, 보스턴 등지의 많은 학교들이 휴교했다. 지구온난화가 진행되고 있다는 이곳에서는 해마다 역설적으로 겨울에 한파가 몰아치고 있다.

우리나라에서도 2012~2013년 겨울, 2016년 1월에 이어 지난 2017년 12월 초에 강원도 일부 지역에서는 영하 20℃를 넘나드는 기록을 보이다가, 12월 15일에는 한강이 공식적으로 얼어붙었다. 이는 1946년 12월 12일 이후 71년 만에 가장 빠른 한강 결빙이다. 2018년 1월 23일에 서울에 2년 만에 한파경보가 내려졌다. 그해 1월 26일은 서울 아침 최저 기온이 -17.8℃를 기록했고, 강원도 홍천군 내면에서는 -28.4℃, 평창군 봉평면에선 -27.6℃가 기록되었고, 경기도 연천군 신서면에서는 -27.3℃가 기록되었다.

중위도 지방의 10km 상공에는 강한 편서풍인 제트기류가 지구를 둘러싸고 있다. 큰 산맥은 지구 둘레를 돌고 있는 제트기류를 몇 개의 파동 형태로 변형시킨다. 대규모 파동을 그 파장의 크기 때문에 장파(long wave)라고 하는데, 이 장파의 상층 대기 흐름에 따라 하층 기압계들이 이동한다. 하층이 상층 대기 흐름의 장파 능(ridge)에 속할 때는 지위도의 따뜻한 공기를 유입하게 하여 비교적 온난한 날씨가 예상되며, 곡(trough)에 속할 때는 고위도의 찬 공기가 유입되어 지상에서는 추운 날씨가 예상된다.

　기후학자들은 이러한 동아시아, 북미, 유럽에서 거의 해마다 동시에 또는 번갈아가면서 한파가 발생하는 원인을 북반구 중위도 상공에서 서쪽에서 동쪽으로 흐르는 제트기류가 약해지면서 남북으로 꾸불거리는 사행(蛇行)에서 그 원인을 찾고 있다. 이 제트기류가 사행하다가 경우에 따라서는 분리 현상을 보이기도 하는데, 이때 떨어져 나온 흐름이 브라킹(blocking) 현상으로 알려진 저지고기압(blocking high)이다. 그 이동은 정체적이거나 매우 느리다. 이 결과 수 주에서 수개월간 이상 기류가 특정 지역에 정체함에 따라 어떤 지역에는 지속적인 건조한 공기의 유입으로 가뭄 현상이 나타나고, 또 다른 지역에서는 지속적인 찬 공기의 유입으로 한파를 유발시킨다.

　이와 같이 중위도에서 대기 상층의 흐름이 바뀌는 것을 북극진동이라고 한다. 북극진동은 북극 주변을 돌고 있는 강한 소용돌이가 수십 일에서 수십 년 주기로 강약을 되풀이하는 현상으로, 음의 북극진동 해에 북극 소용돌이가 느슨해지면서 북극 지역으로부터 찬 공기가 남하해 중위도 지역의 기온이 평년보다 낮아지는 경향이 있다. 최근 잦은 한파 현상의 원인으로 지목되는 북극진동의 변화는 북극 해빙과 밀접한 연관이 있다. 북극의 해빙이 감소하면 얼음이 없어진 지역에서는 더 많은 열과 수증기가 바다에서 대기로 전해져 이 영향이 성층권에 전달된다. 이로 인해 제트기류가 약해지면서 북극 상공 20km 성층권에 영하 40~50도의 한기를 가둬두고 있는 극 소용돌이가 약해져서 한기가 하층으로 내려온다. 극 소용돌이 강도 변화를 나타내는 지수가 북극진동지수(AO Index, Arctic Oscillation Index)인데, 이 북극진동지수가 음일 때는 대류권에서 뱀처럼 사행을 하는 제트기류가 중위도 지역까지 처지면서 북극 상공에서 내려온 한기가 그대로 중위도 지상에까지 전달돼 한파가 닥치는 것이다.

상층 제트기류의 저지 현상은 소용돌이의 강도, 저지 숫자, 발생 위치 등에 의하여 지상 기압계 이동에 상당한 영향을 미친다. 우리가 직면한 문제는 북극의 해빙이 사라짐에 따라 이런 한파가 계속 이어질 것이라는 점이다. 더구나 북극의 이상 기온은 여름철 기온은 물론 태풍 진로에도 큰 영향을 미쳐 이상 난동, 태풍 피해 등으로 인한 기상재해가 크게 우려되는 상황이다. 하지만 이런 지구온난화의 불똥이 어느 방향으로 튈 것을 예측하는 일은 아직 어려운 숙제이다. 당장 할 수 있는 일은 하루라고 기상 이변을 서둘러 예측하여 재난을 최소화하는 것이다.

하늘에서 쏟아지는 물

2018년 7월 5일 이후 태풍 7호 쁘라삐룬이 일본과 한반도 사이를 동북쪽으로 지나가면서 강한 호우가 발생시켰다.[13] 정체된 장마전선

---

13 「なぜ記録的な豪雨に? 大量の水蒸気が前線に流れ込んだ影響か」(일본어), NHK, 2018년 7월 8일. (2018년 7월 8일에 보존된 문서)

과 태풍 7호 쁘리빠룬이 가져온 습한 공기가 합쳐진 장마전선의 발달로 일본 기후 현에서 시작하여 7월 9일까지 규슈에서 시코쿠 지방, 주고쿠 지방, 도호쿠 지방, 홋카이도까지 일본 거의 전역에 호우가 발생했다.[14] [표 3]에서 보는 것과 같이 고치 현 우마지 촌의 야나세(魚梁瀬)에서는 3일간 무려 1,852.5mm의 호우가 내리는 등 7월 한 달간 평년 강수량의 2배 이상을 기록했다.[15] 이 수치는 우리나라 연평균 강수량이 1307.7mm인 것을 감안하면 엄청난 폭우가 쏟아진 것이다.

그런가 하면 중국 전역도 연일 폭우가 쏟아져 50여 명이 숨지고 2천만 명이 넘는 이재민이 발생했다.[16] 2018년 7월 15일부터 17일까지 3일 동안 연평균 강수량이 500~600mm인 베이징에 사흘 만에 연평균 강수량의 절반 가까운 비가 내리면서 항공기 결항 등 피해도 속출했다. 또한 폭우로 134가구가 손해를 입는 등 이재민 4,136명이 발생했다. 베이징 외에도 쓰촨(四川), 후베이(湖北), 후난(湖南), 광둥(廣東), 헤이룽장(黑龍江) 등에도 폭우가 내리면서 21,000여 명의 이재민이 발생했다.

뿐만 아니라, 2018년 5월 27일에는 오래된 건축물이 많은 유적지로 유명하나 지대가 낮아 홍수가 나기 쉬운 곳으로도 알려진 미국 동부

---

14 최이락, 「日 열도 삼킨 폭우…최소 50명 사망·50명 행방불명」(종합2보), 『연합뉴스』, 2018년 7월 7일. (확인 날짜: 2018년 7월 7일)

15 「九州… 東海 記録的豪雨 岐阜に特別警報」(일본어), NHK, 2018년 7월 7일. (2018년 7월 7일에 보존된 문서) (확인 날짜: 2018년 7월 7일)

16 http://www.yonhapnews.co.kr/bulletin/2018/07/20/0200000000AKR20180720052800083. HTML

[표 3] 2018년 서일본 호우 기간 지역별 최고 강수량 기록 상위 5개소 (7월 13일 기준)
(6월 28일 0시부터 7월 8일 24시까지)

도도부현	시구정촌	측정 지점	강수량
고치현	우마지 촌	야나세 (魚梁瀬)	1,852.5mm
고치현	모토야마 정	모토야마 (本山)	1,694.0mm
고치현	가미 시	시게토우 (繁藤)	1,389.5mm
도쿠시마현	나카 정	기토 (木頭)	1,365.5mm
고치현	가미 시	오오도치 (大栃)	1,364.5mm

* 출처: https://ko.wikipedia.org/wiki/2018%EB%85%84_7%EC%9B%94_%EC%9D%BC%EB%B3%B8_%ED%98%B8%EC%9A%B0

메릴랜드 주 엘리코트 시에 3시간 동안 330mm의 폭우가 쏟아져 강이 범람하면서 대규모 홍수가 발생하여 비상사태가 선포되기도 했다.

어떻게 해야 할까

산업혁명 이후 지속된 탄소 경제로 인해 대기 중 온실가스 농도가 유례없는 속도로 증가하고 있으며, 이로 인해 지구는 역사상 가장 빠른 속도로 온난화를 경험하고 있다. 기후 변화가 이미 가시적으로 나타나고 있기에 이 변화에 대한 적응 정책을 수립하고 실행하는 일이 긴급하다.

기후 변화는 지역에 따라 적절한 적응 대책이 없을 경우에 물, 식량, 에너지 공급에 차질이 나타날 수 있으며, 이 세 가지 위기에 충분한 대응책이 마련되지 못한 곳에서는 기후 난민이 발생할 가능성이 크다. 이에 따른 지역적인 사회 불안은 궁극적으로 기후전쟁으로 연결될 것을 예상하는 일은 어렵지 않다.

21세기는 '기후의 세기'(The Century of Climate)라고 일컬을 정도로 기후 변화가 전 세계적인 관심사가 되고 있다. 이렇게 기후 변화가 주목하는 것은 적어도 산업혁명 이후 지금까지 우리가 경험하지 못한 이상 기후 현상, 그리고 이에 동반된 식량, 물, 그리고 에너지 위기가 가시적으로 나타났거나, 조만간 나타날 것이 예상되기 때문이다. 기후 변화가 위기 상황으로까지 진행될 것이기 때문이다. 최근 들어, 전 세계적으로 감지되고 있는 지구온난화로 태풍, 호우 및 홍수, 가뭄, 대설, 이상 고온 및 저온 등의 재해 기상 현상이 빈발하고 기상재해 규모도 대형화되고 있어서 기상 정보의 정확도 향상에 대한 국민의 요구와 기대가 커지고 있다. UN재해경감기구 자료에 의하면, 국가 차원의 재해 발생 빈도가 30년 전(연평균 100여 회)에 비해 5배가량(2000~2005년, 연평균 약 500회)로 증가했다. 우리나라 또한 최근 10년간 평균 43명의 인명 피해와 1조 1,556억 원의 재산 피해가 발생하여 상당한 인명 피해와 엄청난 규모의 경제적 손실을 보였다. 더욱 안타까운 현실은 기상재해에 숨진 인명과 재산 피해뿐만 아니라 국가의 위기관리 능력 부재에 따른 허탈감이다. 이제 자연재해의 위기는 상시적이다. 이제 막 기후 변화가 가시적으로 나타나기 시작한 시점이라는 점에 긴장하여 조속한 국가적 기후 변화 위기 대응 체계의 구축이 시급하다.

오재호

미국 오리건 주립대학교에서 이학박사를 취득하였으며, 미국 일리노이 주립대학과 미국 아르곤국립연구소
에서 환경과학자로 일했다. 한동안 기상연구소에서 예보연구실장을 지냈으며, 부경대학교 환경대기과학
과 교수로 정년을 마치고 현재에는 명예교수로 재직 중이다. 국제위기관리학회 회장, 아세아-오세아니아
지구과학총연합회 대기과학분과 회장, 한국기상학회 회장, 국가위기관리학회 회장, 한국제4기학회 회장
및 KOREN 이용자협의회 회장을 역임하였다. 『더워지는 지구 얼어붙는 지구』등 27여 종의 책을 저술하거
나 번역하였으며, 137여 편을 논문을 국내외 주요 학술지에 발표하였다.

인간의 선택이 미래 기후를 좌우한다

—

이준이 부산대학교 기후과학연구소 조교수
기초과학연구원 기후물리연구단 프로젝트 리더

파리기후협약 이후: IPCC 1.5도 특별보고서

우리는 최근 기후변화 문제에 얼마나 관심이 있을까? 다음 9가지 사항을 들여다보자.

① 탄소의 사회적 비용을 최초로 제시한 업적을 인정받아 윌리엄 노드하우스는 2018년 노벨 경제학상을 수상했다. 노드하우스의 2017년 논문에서 추정된 2015년 탄소의 사회적 비용은 1톤당 2010년 달러화 대비 31달러이며 매년 3%씩 증가할 것으로 보인다. 즉, 2050년 탄소의 사회적 비용은 1톤당 2010년 달러화 대비 102.5달러에 달할 것으로 예측된다(Nordhaus, 2017).

② 2015년 12월 파리기후협상의 주요 협의 내용은 '2100년까지

전 지구 평균 지표 기온 상승을 산업혁명 전(1850~1900년) 대비 1.5~2도 아래로 억제'한다는 것이며 1.5~2도 상승선을 기후 저지선(climate defense line)이라고 부른다.

③ 우리나라는 현재 기후 변화에 관한 정부 간 협의체(Intergovernmental Panel on Climate Change: IPCC) 의장국이며, IPCC는 이회성 의장을 중심으로 2022년까지 IPCC 6차 보고서 출판을 위해 준비 중이다.

④ 산업혁명 전(1850~1900년) 대비 2018년 현재 전 지구 평균 지표 기온은 1도 이상 상승했으며(IPCC, 2018), 우리나라는 약 2도 정도 상승했다. 우리나라를 포함하는 동아시아 지역은 지구온난화에 더 취약하며, 전 지구 평균 상승의 1.5~2배 정도 온도 상승이 나타나는 것으로 평가된다(Wang et al., 2018).

⑤ 산업혁명 전후로 대기 중 이산화탄소 농도는 약 280ppm이었으나, 2019년 2월에는 411ppm에 달했다(https://www.co2.earth 참조). 즉, 지난 170년 동안 약 46% 증가하였다.

⑥ 기후는 온실기체 배출, 토지 이용 변화 등 인위적 강제력뿐만 아니라 태양 활동 변화, 화산 분출 등 자연적 강제력에 의해서도 변할 수 있다. 지난 170년 동안 자연적 강제력은 상대적으로 작았으며,

대부분이 지표 기온 상승은 인위직 강세력에 의한 것으로 평가된다(IPCC, 2013).

⑦ 파리기후협상에 따른 우리나라의 자발적 기여 방안(Intended Nationally Determined Contributions: INDC)은 저감 정책 없이 온실기체를 배출할 경우(Business As Usual: BAU) 2030년에 배출할 것으로 추정되는 8억 5천 1백만 톤 대비 37%를 감축하겠다는 것이다. 2016년 우리나라 온실기체 배출량은 6억 9천 4백만 톤이었으며, 자발적 기여 방안에 따른 감축 목표를 달성하면 2030년의 배출량은 5억 3천 6백만 톤이 될 것이다.

⑧ 우리나라 인천 송도에서 2018년 10월 1일부터 5일까지 개최된 IPCC 48차 당사국 총회에서 IPCC 1.5도 특별보고서를 승인하였다. 보고서에 의하면 온실기체 감축 노력이 없을 경우 2040년 전후에 1.5도 상승할 것이고, 2100년에는 4~5도 상승에 이를 전망이다(IPCC, 2018).

⑨ 파리기후협약에 따른 당사국들의 온실기체 배출 감축을 위한 INDC는 1.5~2도 기후저지선을 지키기에 충분하지 않으며, 감축 목표가 달성한다고 해도 2100년에 이르러 약 3.2도(2.6~4도) 상승에 이를 것으로 전망된다(Wang et al., 2018). 따라서 더더욱 적극적 감축 정책이 필요하며 이를 위한 해결책 도출이 시급한

실정이다.

만약 위에 나열된 사항 중에서 절반 이상 들어본 적이 있거나 알고 있다면 이미 지구온난화 문제에 상당한 관심을 가지고 있다고 볼 수 있다. 지난해(2018년) 여름에 우리나라를 포함한 북반구 많은 지역에서 기록적 폭염이 발생했다. 우리나라 관측소 60% 이상에서 관측 역사상 최고 기온 기록을 갱신했으며, 여러 북유럽 국가에서는 하루 최고 기온이 30도가 넘었고, 미국 치노에서는 49도까지 온도가 치솟았다. 하지만 이러한 기록적 폭염 소식은 2018년에만 국한되는 것이 아니다. 지구온난화가 현재와 같이 계속 진행된다면 앞으로 우리는 더 극심하고 지속적인 폭염, 극심한 가뭄, 더 강력한 집중 호우, 더 강력한 태풍, 더 심각한 대기오염과 미세먼지 증가 등을 경험하게 될 것이다.

인류의 사회·경제적 활동에 따른 장기 체류 지구온난화 유발 물질(온실기체) 배출은 지구온난화, 해양 산성화, 해수면 상승, 생지화학 순환 교란, 생태계 교란 등을 초래하며, 단기 체류 기후 변화 유발 물질 배출은 미세먼지를 포함한 대기오염, 산성비, 토양 오염 등을 초래하고 있다. 기후 환경 변화의 문제가 점차 심각해지고 있으며 인류의 생존을 위협하고 있지만 이에 대한 일반 시민들의 관심과 문제 해결을 위한 공감대는 아직 크지 않는 것 같다. 2018년 10월에 인천 송도에서 승인된 IPCC 1.5도 특별보고서는 전 세계적 감축 노력이 없을 경우 2040년경에는 전 지구 지표 기온 상승이 1.5도에 이를 것이며, 현재까지 제출된 당사국들의 자발적 기여 방안에 따라 감축 목표가 달성된다고 해도

2100년도에는 1.5~2도 기후저지선을 지킬 수 없다는 것을 명백히 보이고 있다.

섭씨 1.5~2도 기후저지선을 지키는 것은 인류 생존의 문제

왜 섭씨 1.5~2도 기후저지선을 지키는 것이 중요할까? 고기후 간접 자료(proxy data) 분석을 통해 우리는 그 이유를 알 수 있다. 남극 빙하 코어로부터 산출된 고기후 간접 자료 분석 결과에 의하면 지난 80만 년 동안 약 여덟 번의 빙하기와 간빙기가 있었다. 대기 중 이산화탄소의 농도는 빙하기에는 낮았고(170~200ppm), 간빙기에는 높았다(280~300ppm). 이산화탄소 농도가 현재와 비슷했던 시기는 더 거슬러 올라가 지금으로부터 약 300~330만 년 전인 '플라이오세'(Pliocene) 중반기로, 당시 이산화탄소 농도는 약 300~400ppm에 달한 것으로 추정된다. 당시 온도는 산업혁명 이전에 비해 1.5~2도가량 높았던 것으로 추정되고 있으며, 비록 이산화탄소 농도는 현재보다 낮았지만 1.5~2도 기후저지선의 중요성을 이해하는 데 주요한 시기로 여겨진다. 그럼 대기 중 이산화탄소 농도가 800ppm이 넘었던 현재로부터 가장 가까운 과거 시기는 언제일까? 좀 더 오래된 고기후 복원 자료에 따르면 지금으로부터 약 5100~5300만 년 전인 '에오세'(Eocene) 초기였다. 그 당시 대기 중 이산화탄소 농도는 900~1900ppm에 달했고 전 지구 평균 기온은 현재와 비교해 10~14도나 높았다. 하지만 당시에 해양 대륙 분포가 현재와 매우 달랐기 때문에 기후 특성을 직접적으로 비교하기에는 무리가 있다.

과거 고기후 자료가 주는 가장 중요한 정보는 최근 170년간 대기 중 이산화탄소 농도 증가 속도가 지난 80만 년 동안 증가 속도의 약 10 배에 달하며, 과거 수백만 년 동안 지구가 경험하지 못했던 수치라는 것이다. 또한, 과거의 자연적 기후 변화에는 오랜 시간에 걸쳐 지구 기후시스템 구성 요소들이 충분히 반응하며 적응할 시간이 있었지만, 인간 활동에 의한 지구온난화 속도는 기후시스템이 적응하기에 너무나 빠르게 진행되고 있다.

많은 고기후 분석 결과들과 지구시스템 모델실험 결과들은 1.5~2도 기후저지선이 지구 기후시스템 수용 및 적용 한계의 마지노선임을 나타내고 있다. 특히 지구온난화는 지역적으로 균일하게 나타나지 않고 고위도와 극 지역으로 갈수록 온도 상승폭이 커진다. 극 지역의 경우 열대에 비해 2~3배가량 온도가 더 상승하기 때문에 전 지구 평균 지표 기온이 1.5도 상승하면 극 지역은 약 3도 이상 상승하게 된다. 이미 전 지구 평균 기온 1도 상승에 반응해 남극과 그린란드 대륙 빙상, 북극 여름 해빙, 북반구 고산 빙하 등이 빠른 속도로 녹고 있다. 또한 이미 산호와 양서류를 포함한 다양한 생물군들이 멸종되거나 멸종 위기에 처해 있다. 만약 우리가 1.5~2도 기후저지선을 수호하지 못한다면 전 지구 기후시스템이 회복할 수 없는 위기에 처하게 될 것이다(IPCC, 2018).

어떤 미래로 가야 하는가

지구 기후시스템은 대기권, 수권, 설빙권, 지권, 그리고 생물권으로 구성되어 있다. 지구 탄생 후 46억 년 동안 지구 기후시스템은 여러 자연적 요인에 의해 다양한 시간 규모에서 변해왔다. 하지만 앞으로 미래 기후 변화는 인류의 선택에 좌우될 것이다. 인류의 생존과 지속 가능한 발전을 위해 우리가 선택해야 하는 미래 경로는 무엇일까?

IPCC 5차 보고서에서는 대표 농도 경로(Representative Concentration Pathway: RCP)에 기반한 여러 시나리오를 이용해 미래 기후를 전망했다. RCP 8.5 시나리오는 별도의 기후 정책 없이 지금의 사회·경제 구조를 유지하며 현재 속도로 온실기체를 계속 배출하는 것으로, 2100년에 이르면 대기 중 이산화탄소 농도가 800ppm 이상에 달할 것이며, 전 지구 평균 지표 기온이 산업혁명 대비 4~5도 상승할 것으로 예상하고 있다. 반면 RCP 2.6 시나리오는 엄격한 온실기체 감축 시나리오로서, 매우 적극적 기후 정책을 통해 2020년부터 온실기체 배출량을 30~70%씩 줄이고 2100년에는 배출량을 0%로 만드는 것을 가정한다. 이 경우에는 2도 상승 억제를 할 수 있을 것으로 예상한다.

2022년에 출판될 IPCC 6차 보고서에서는 RCP와 더불어 공유 사회경제 경로(Shared Socioeconomic Pathway: SSP) 시나리오를 설정하였다(O'Neill et al., 2017). 이 예상 경로는 기후 변화 적응을 위한 사회·경제적 과제의 어려움과 기후 변화 완화를 위한 사회·경제적 과제 극복의 어려움 정도에 따라 5개 시나리오로 구성되어 있다. 그 중 1.5~2도 기후저지선을 지킬 수 있는 시나리오는 완화와 적응의 어려움이 적으며 지속 가능성이 있는 SSP1이다. 이 경로에 따르면 2050년에는 탄소 순배출을 0으로 하고 1차 에너지 공급에서 재생에너지 비중을 50~60%까지 증가시켜야 한다. 이를 위해서는 현재 사회·경제

구조의 혁신적 변혁이 필수적이다. 토지 이용에서도 상당한 변화가 필요하며, 전 세계적으로 상당한 산림의 증가가 필수적이다. SSP1은 산업계와 일반 시민들의 공감대와 적극적 참여, 그리고 우리 모두의 희생이 없이는 이룰 수 없는 경로이다. 현재까지의 진행 사항을 볼 때 SSP1 경로를 선택해 1.5~2도 기후저지선을 사수하는 것은 거의 불가능할 것으로 보인다. 따라서 기후 과학자들은 이해 당사자들과 일반 시민과 기후 변화의 심각한 이슈들에 대해 더욱 소통해야 한다.

인류 생존을 위한 당면 과제

1885년 지질학계는 약 11,700년 전부터 시작된, 상대적으로 안정된 간빙기를 '홀로세'(Holocene)라고 공식 명명했다. 그리고 지금은 '인류세'(Anthropocene)의 공식 선언을 앞두고 있다. 하지만 아직 인류세 시작 시기에 대한 의견이 분분하다. 산업혁명 직후 혹은 빙하 코어에 핵실험의 기록이 처음으로 새겨진 1945년이 될 가능성이 높다. 빙하기에 비해 상대적으로 안정된 기후였던 홀로세 시기 동안 호모사피엔스 사피엔스는 농업 혁명, 문명의 발생, 사회·문화·경제적 진화를 통해 오늘날에 이르렀다. 과거의 문명 발달 시기에는 인간이 자연 환경으로부터 많은 영향을 받아온 것과 달리, 인류세에는 인간과 자연의 상호작용이 인간뿐만 아니라 지구 기후시스템의 미래를 결정하게 되었다.

안드레이 가노폴스키 박사는 2016년 1월 『네이처』에 인위적 이산화탄소 배출 급증에 따라 빙하기 도래가 2~10만 년 이상 늦춰지고 있다는 논문을 발표했다. 이는 약 100여 년 동안의 화석연료 연소가 적어도 10만 년 또는 그 이상에 걸쳐 영향을 미칠 수 있다는 것을 제시한 것이다. 따라서 앞으로 우리가 나아갈 경로를 선택하는 것은 인류 생존의 문제뿐만 아니라 지구 기후시스템 전체에 매우 중요한 문제가 될 것이 분명하다.

'제3의 길'로 알려진 영국의 사회학자 앤서니 기든스는 지구온난화의 위험이 직접 손으로 만져지지 않고 우리 일상생활에서 거의 감지할 수 없기 때문에 아무리 무시무시한 위험이 닥친다고 해도 대부분이 그저 가만히 앉아서 기다리게 된다는 역설을 제기한 바 있다. 미래에 얻을 수 있는 더 큰 보상보다는 적더라도 지금 당장 얻을 수 있는 보상을 더 선호하는 '미래 디스카운트' 심리 때문에 인류가 지구온난화 문제에 적극 대처하지 못한다는 지적이다(앤서니 기든스, 2009). 하지만 지구온난화의 문제는 이제 미래의 일이 아니며 현재 닥친 문제이다. 지구온난화와 맞물린 해수면 상승, 해양 산성화, 극한 기후 발생 및 강도 증가는 인류 생존을 위협하고 있다. 앞서 이야기한 것처럼 미세먼지 증가는 지구온난화의 다른 이면이라고 볼 수 있다.

앞으로 인간이 1.5~2도 기후저지선을 사수하기 위해서는 '탈탄소화'로 가기 위한 상당한 사회·경제·기술적 변혁이 필요하다. 이는 에너지, 물, 식량 문제와 긴밀히 결부되어 있으며, 지역 격차와 빈부 격차를 포함한 사회 불평 해소 및 지구 환경의 지속 가능성 문제와 직결되어 있다. 기후 변화와 지속 가능한 발전은 현재 인류에게 닥친 가장 큰 과제이다. 많은 이해 당사자들이 복잡하게 얽혀 있기에 기존의 시스템을 혁신하는 것은 거의 불가능한 일처럼 보인다. 하지만 우리가 지구온난화 문제를 해결하기 위해 적극 대처하지 않고 지금과 같이 방임한다면 16세 스웨덴 환경운동가 그레타 툰베리의 지적처럼 우리는 우리 자식들의 미래를 망치고 있는 것이다. 슬기롭고 슬기로운 사람이라는 뜻의 이름을 가진 호모사피엔스 사피엔스는 과연 '미래 디스카운트' 심리를 극복하고 미래를 위한 방향, 다음 세대에 미칠 피해를 최소화하는 방향으로 나아갈 수 있을까?

참고문헌

앤서니 기든스 (2009), 「기후변화의 정치학」, 에코리브르, 홍욱희 옮김, p. 383.
IPCC (2013), "Climate Change 2013: The Physical Science Basis", *Contribution of Working Group I to the Fifth Assessment Report of the Intergovernmental Panel on Climate Change*, [Stocher, T. F. et al eds] Campridge University Press, USA, 1535 pp. doi: 10. 1017/ CBO9781107415324.
IPCC (2018), "Global Warming of 1.5℃", *An IPCC Special Report on the Impacts of Global Warming of 1.5℃ Above Pre-industrial Levels and Related Global Greenhouse Aas Emission Pathways, in the Context of Strengthening the Global Response to the Threat of Climate Change, Sustainable Development, and Efforts to Eradicate Poverty*, [V. Masson-Delmotte et al. (eds)] In Press.
Nordhaus, W. D. (2017), "Revisiting the Social Cost of Carbon", *Proceedings of the National Academy of Sciences of the United States of America* 114, pp. 1518~1523.
O'Neill, B. C. et al. (2017), "The Roads Ahead: Narratives for Shared Socioeconomic Pathways Describing World Futures in the 21st Century", *Global Environmental Change* 42, pp. 169~180.
Wang, F. et al. (2018), "Global and Regional Climate Responses to National-committed Emission Reductions under the Paris Agreement", *Geografiska Annaler: Series A, Physical Geography* 100, pp. 240~253.

이준이

이화여자대학교 과학교육학과를 졸업하고 서울대학교 대학원에서 대기과학 전공으로 석사 및 박사학위를 받았다. 이후 미국 NASA 가다드 항공우주 연구소와 하와이 대학교 국제태평양 연구소를 거치며 계절내부터 계절 규모 기후 예측성 연구 및 미래 기후변화 연구를 수행하였다. 2015년부터 부산대학교 기후과학연구소 소속 조교수로 근무하고 있으며, 2017년부터는 부산대학교에 위치한 기초과학연구원 기후물리연구센터에 프로젝트 리더로 겸임되어 활동하고 있다. 2018년부터는 2021년에 출판될 IPCC 6차 실무그룹 I 보고서 총괄 주저자로 선정되어 전지구 기후 미래변화 챕터 작성을 리드하고 있다. 또한 세계기상기구 계절내 ‒ 수십년 기후 예측 실무그룹 위원으로 활동하는 등 기후예측과 기후변화 연구에서 국제적으로 활발한 활동을 하고 있다.

우주에도 날씨가 있다
-
지건화 극지연구소 책임연구원

우주와 우주 날씨

우주(宇宙)란 무엇일까? 우선 칼 세이건의 우주(cosmos)가 있다. 빅뱅을 통해서 은하, 항성, 행성 등 물질이 생겨나고, 지구와 같은 행성에서 생명 현상, 그리고 진화에 의한 인류의 출현까지, 말 그대로 세상 모든 것을 포함하는 자연과학적, 인문학적 우주다. 이보다 범위를 좁혀보면, 천문학의 우주가 있다. 우주의 모든 시공간, 그리고 그 안의 모든 물질과 에너지를 포함하는 자연과학적 우주다. 이제 그 범위를 인류에게 직접적인 영향을 미치는 우주로 범위를 더 좁혀보자. 바로 우주과학의 우주다. 가장 좁은 범위, 또는 지구와 가장 가까이에 있는 이 우주는 태양, 행성 간 공간, 태양풍, 자기권, 고층대기 등을 포함하며, 'in-situ measurement'에 의한 직접 관측이 가능한 우주다([그림 1]).

[그림 1] 태양, 행성 간 공간, 태양풍, 자기권, 그리고 고층대기로 이루어진 근 지구 우주환경
(출처: 유럽 우주국 ESA)

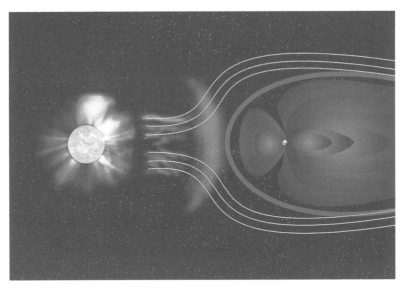

이 우주는 비교적 지구와 가깝다는 의미에서 근 지구 우주환경
(near-Earth space environment: Geospace)이라고도 불린다. 이
우주는 달 탐사, 화성 탐사, 우주 식민지, 우주여행 등 현재 인류에게 당
면해 있는 우주 개발의 목적이 되며, 따라서 이 우주환경의 물리적 상태
및 인류에 미치는 영향을 기술하는 우주 기상(또는 우주 날씨: Space
Weather)과 이를 예측하기 위한 모델 개발은 대기과학에서의 기상(또
는 날씨) 예측 모델과 같이 인류에게 시급히 당면한 문제로 다가와 있다.
그러면 이 우주환경은 인류에게 어떤 위험 요소가 될까? 크게 다음과 같
은 세 가지 요소로 생각해볼 수 있다. 1) 우주 기상, 2) 우주선(cosmic

ray), 3) 우주 쓰레기가 그것이다. 한 가지씩 차례로 알아보자.

태양 폭풍과 우주 날씨의 변화

지구상의 모든 에너지는 태양에서 나온다. 따라서 태양에서 나오는 에너지에 변화가 생기면 지구에 도달하는 에너지에도 물론 변화가 생긴다. 그러면 태양에서 나오는 에너지에는 어떤 변화가 있을까? 우선 태양에너지는 약 11년(보다 엄밀하게 말하면 22년) 주기의 변화를 보이는데, 이를 11년 태양 활동 주기라고 한다. 이것은 태양 표면에 나타나는 흑점과 관련이 있으며, 이 흑점이 11년 주기로 서서히 나타났다가 최대에 이르고, 다시 서서히 사라지는 현상이다. 11년 태양 활동 주기가 태양에너지와 관련이 있는 이유는 다음과 같다. 태양 표면에서 나오는 빛은 섭씨 약 6,000도의 흑체에 나오는 빛의 파장대와 거의 비슷하다고 알려져 있는데, 가시광선을 포함해서 더 짧은 파장대의 자외선이나 더 긴 파장대의 적외선 등 다양한 파장대의 빛이 나온다. 그런데 태양 표면의 흑점에서는 특히 극자외선(Extreme Ultra Violet: EUV)과 같은 짧은 파장대의 빛이 더 많이 나온다. 즉, 흑점의 면적이 변화하면 극자외선대 빛의 양이 변하게 되는 것이다. 사실 극자외선 파장대의 빛은 아주 높은 대기 영역에서 모두 흡수되고 지구 표면에는 도달하지 않기 때문에 우리 일상과는 크게 상관이 없는 것으로 알려져 있다. 그러나 근 지구 우주환경의 일부인 고층대기에서 극자외선은 매우 중요한 파장대의 빛이다.

고층대기는 어떤 영역일까? 지구 대기는 온도 분포에 따라 대

[그림 2] 지구 고층대기(upper atmosphere)는 중간권(mesosphere), 열권
(thermosphere) 그리고 전리권(ionosphere)으로 이루어져 있으며, 오로라가 발생하며,
국제우주정거장, 허블우주망원경, 저궤도 인공위성 등이 상주하는 대기/우주 영역이다
(출처: 미국 NASA).

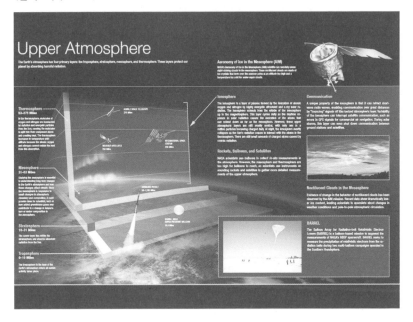

기권(0~10km), 성층권(10~50km), 중간권(50~90km), 열권
(90~500km), 그리고 외기권(500~1,000km)으로 구분할 수 있
다. 중간권을 중심으로 그 아래 영역은 기상 현상이 일어나는 저층대기
라고 한다면, 중간권보다 높은 영역이 바로 우주 환경의 일부인 고층대
기이다([그림 2]). 중간권은 저층대기와 고층대기의 중간쯤에 있다. 산
소, 질소, 수소 등의 대기 성분이 고루 섞여 있는 저층대기와는 달리, 고
층대기에서는 대기를 구성하는 각각의 성분 질량에 따라 그 분포가 달

라진다. 즉 무거운 분자나 원자보다 가벼운 원자들이 더 높은 고도에 분포하게 된다. 그러나 무엇보다 중요한 고층대기의 특징은 바로 플라즈마(이온과 전자)의 존재이다. 태양 복사 중 짧은 파장대의 빛인 X선이나 극자외선은 대부분 고층대기 중 산소 원자에 흡수되는데, 이때 산소 원자에서 전자가 한 개 떨어져 나와 산소이온이 된다. 이온과 전자의 플라즈마가 생성되는 것이다. 이렇게 생성된 플라즈마는 약 300km 고도를 중심으로 약 60km에서 1,000km 이상의 고층대기에 분포하는데, 이 영역을 전리권(ionosphere)이라는 별도의 영역으로 구분하고 있으며, 중간권, 열권, 외기권을 포함하는 중성대기(neutral atmosphere)와 함께 고층대기를 구성하는 중요한 영역이다. 고층대기에 플라즈마가 존재한다는 것은 어떤 의미를 가지고 있을까? 우선 지상에서 인공위성과의 통신에 사용되는 전자기파는 고층대기를 통과해야 하는데, 이때 전리권 플라즈마 밀도 변화가 전자기파의 진행에 영향을 미칠 수 있다. 즉 갑작스러운 플라즈마 밀도 변화는 전자기파의 진행 경로를 변화시키거나 심할 경우에는 전자기파를 흡수하여 통신을 불가능하게 만든다. 고층대기 중에 운영되는 저궤도 인공위성의 경우 고층대기 플라즈마로 인해서 위성 본체가 대전되면 위성 운영에 치명적인 여러 가지 문제가 생길 수 있다. 이와 같은 인공위성에의 영향 이외에도 플라즈마의 존재는 고층대기의 물리적 특성에 핵심적인 역할을 한다. 지구 고층대기는 극지에서 오로라가 발생하는 영역이며, 국제우주정거장, 허블우주망원경, 저궤도 인공위성 등이 상주하는 대기/우주 공간이며, 우주인이 활동하는 공간이다.

[그림 3] 우주 날씨 변화에 의해 우주 환경이나 시상에서 받을 수 있는 영향(출처 · 미국 NASA)

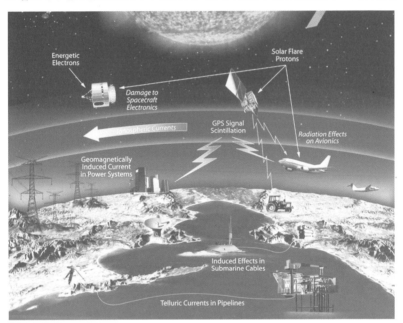

다시 태양에 주목하자. 태양 극대기에는 극자외선의 증가 이외에 도 더욱 큰 변화가 발생할 수 있는데, 그것은 바로 태양 플레어(solar flare)나 코로나 물질 대방출(Coronal Mass Ejection: CME)과 같은 태양 폭발 현상이 태양 극소기에 비해서 훨씬 자주 일어난다. 이때 태양 에서는 아주 짧은 시간에 대량의 에너지가 빛 또는 물질 형태로 방출되 고, 이 에너지는 태양풍과 함께 지구와 같은 행성에 도달하면 행성 주변 의 우주 공간과 대기에 엄청난 변화를 일으킨다. 이 에너지는 강력한 태 양풍과 함께 지구에 도달하여 지구 자기권과 고층대기를 크게 교란시킨다. 극지 고층대기에서는 강력한 오로라가 발생하고, 전 지구적으로 고층대기 전리권 플라즈마 밀도가 갑자기 변한다. 갑작스러운 플라즈마 밀도 변화는 인공위성 통신에서 사용되는 전자기파에 큰 영향을 미칠 수 있다. 또한 태양 폭발에 의한 갑작스러운 지구 주변 자기장의 변화는 송전 케이블이나 송유관에 강력한 유도전류를 일으켜 송전 시스템이나 송유관을 손상시킨다. 태양 폭발과 함께 지구에 도달하는 에너지가 큰 입자들은 인공위성 내부의 전자 장비나 부품을 손상시켜 심할 경우에는 인공위성과 우주 공간에서 활동하는 우주인에게 치명적인 영향을 미칠 수 있다. 따라서 이와 같은 변화를 미리 예측할 수 있는 우주기상예측모델 개발은 향후 우주시대를 대비하여 인류에게 필수적인 과제인 것이다([그림 3]).

우주에서 지구로 들어오는 방사선, 우주선(宇宙線, Cosmic ray)

우주선은 우주에서 지구로 들어오는 방사선이다. 방사선(放射線, radioactive ray)이란 불안정한 원자가 붕괴하는 과정에서 나오는 양성자(수소 원자핵), 알파입자(헬륨 원자핵), 전자, 중성자, 또는 감마선의 흐름이다. 방사선 입자들은 매우 큰 에너지를 갖고 있기 때문에 인체를 통과할 경우 세포를 손상시키거나 DNA 구조를 변형시키는 등 인체에 매우 위험한 것으로 알려져 있다. 지구 대기에 자연적으로 존재하는 방사선은 보통 지구상 물질에서 나오기도 하지만, 1km 이상의 높은 대기 중에 있는 방사선은 대부분 우주에서 지구로 들어오는 것들이다. 이것이 바로 우주방사선, 즉 우주선이다.

그렇다면 이 우주선은 도대체 어디에서 오는 것일까? 우주선 중 비교적 에너지가 작은 것은 태양에서 나오는 것으로 알려져 있으며 (solar energetic particles), 에너지가 큰 우주선은 태양 너머 아주 먼 은하에서 온다고 알려져 있다(galactic cosmic rays: GCR). 우주선은 에너지가 큰 양성자(수소 원자핵)가 약 89%를 차지하고 있으며, 헬륨 원자핵인 알파입자도 약 10% 정도 차지하는 것으로 알려져 있다. 그 외에도 리튬, 베릴륨, 붕소 등 더 무거운 원자들의 핵도 소량 포함되어 있다. 우주선의 에너지는 최대 $10^{20} \sim 10^{21}$eV 정도까지 이르는 것으로 알려져 있는데, 세계 최대 규모의 양성자 가속기에서 만들 수 있는 에너지가 약 7×10^{12}eV 정도라니 우주선의 에너지가 얼마나 큰 것인지 짐작할 수 있다. 그러나 이처럼 큰 에너지의 우주선은 아주 드물게 관측된다고 한다.

지구 대기로 진입하는 우주선은 지구 표면에 도달하기까지 대기 중 원자나 분자와 약 10번 정도 충돌하는데 이 과정에서 X-ray, 뮤온, 양성자, 알파입자, 파이온, 전자, 중성자 등의 2차 우주선이 생성된다 ([그림 4]). 우주선은 이와 같은 과정을 통해 지표면에 도달하기 전에 대부분의 에너지를 잃어버린다. 즉 대기에 흡수된다. 따라서 지상에서의 우주선 관측은 2차 우주선 중 지구 표면까지 도달하는 뮤온이나 중성자 관측을 통해서 이루어진다. 참고로 대한민국에서 운영하고 있는 남극 장보고과학기지에도 우주선 관측을 위한 중성자 모니터가 설치되어 있다.

우주선은 지구 대기 및 인류에게 다양한 영향을 미친다. 우선 우주

[그림 4] 지구 대기로 진입한 우주선은 성층권 고도에서 대기 중 원자와 충돌하여
X-ray, 뮤온, 양성자, 반양성자, 알파입자, 파이온, 전자, 양전자, 중성자 등
다양한 빛과 입자들을 생성시킨다(출처: 유럽 CERN).

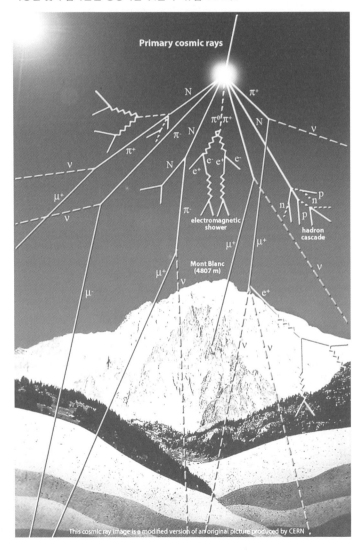

선은 대기 중 질소나 산소 분자를 이온화시키고, 이를 통해 다양한 화학 반응을 일으킨다. 2차 우주선인 중성자가 ^{14}N를 만나서 양성자와 ^{14}C가 생성되는 반응을 일으키고, 이 반응은 대기 중 ^{14}C의 양을 일정하게 유지시키는 역할을 한다. 또한 베릴륨(Be)의 방사성 동위원소인 ^{10}Be도 우주선과 대기 구성입자들과의 화학반응에 의해 생성되는데, 이 원소는 반감기가 139만 년 정도로 매우 길기 때문에 빙하나 지질학 연대 측정에 사용된다. 이와 동시에 추정된 과거의 온도 변화 기록과 함께 살펴보면 태양 활동과 기후 변화와의 상관관계 추정도 가능하다. 에너지가 매우 큰 입자의 흐름인 우주선은 지구 고층대기에서 활동하고 있는 인공위성이나 극궤도 항공기의 전자 장비에 손상을 줄 수도 있다. 우주선의 양이 크게 증가하는 높은 고도에서 일하는 항공기 승무원이나 우주 공간에서 업무를 수행하는 우주인에게 우주방사선은 노출 정도에 따라 치명적인 위험이 될 수 있다. 이처럼 우주선은 인류에게 다양한 형태로 영향을 미치고 있다.

우주 쓰레기(Space Debris)

1957년에 인류 최초의 인공위성인 스푸트니크 1호를 우주로 쏘아올린 이래로 인류는 약 5,200여 회의 로켓을 발사하며 7,500여 대의 인공위성을 지구 주변 우주 공간으로 보내왔다. 이 중 현재까지 정상적으로 운영되고 있는 인공위성은 약 1,400대에 불과하며, 나머지는 대부분 우주 공간에서 여전히 지구 주위를 돌고 있다. 수명이 다한 인공위성은 궤도 수정을 통해 지구 대기로 끌어내리거나 무덤 궤도

(graveyard orbit)로 이동시켜야 하지만, 비용이나 기술적인 문제로 원래의 궤도상에 머물러 있는 경우가 많다. 즉 우주 쓰레기가 되는 것이다. 지구 주변 우주에는 이와 같이 수명이 다한 인공위성 이외에도 여러 가지 인공 물체들이 떠돌고 있다. 인공위성 발사에 사용되었던 로켓 본체, 로켓에서 분리된 부스터, 이들 우주 물체들의 충돌로 생긴 작은 파편들, 우주 비행사가 작업 중 놓친 공구나 부품, 심지어 장갑까지, 다양한 종류와 크기의 쓰레기들이 있다. 이런 우주 쓰레기들의 양은 점점 증가하고 있는데, 인공위성이나 유인 우주선, 국제 우주정거장 등과 충돌 가능성이 있어서 매우 위험하다. 실제로 이와 같은 사고로 인공위성에 문제가 생기는 일이 자주 보고되고 있다. 2013년에 개봉했던 영화 <그래비티>(Gravity)에서는 허블우주망원경을 수리하고 있던 우주인이 우주 쓰레기와의 충돌 사고로 겪는 위험을 소재로 하고 있다. 현재 지구 주변 우주에는 10cm 이상의 크기인 우주 물체만 해도 약 29,000개가 넘고, 1cm 이상의 물체는 약 750,000개 넘는 것으로 알려져 있다. 미국의 우주 감시 네트워크(Space Surveillance Network: SSN)에서 고성능 레이더와 우주 감시 망원경을 이용해서 상시 추적하고 있는 우주 물체는 약 23,000개 정도라고 한다. 대부분의 우주 쓰레기는 저궤도 위성이 활동하는 고도인 800~1,000km와 정지궤도 위성 고도인 약 36,000km에 가장 많이 분포하고 있다([그림 5]).

우주 쓰레기는 인공위성 운영에 가장 큰 위험 요소 중 하나가 되고 있다. 1990년대에 들어와 우주 쓰레기에 의한 크고 작은 인공위성 사고가 보고되고 있는데, 첫 번째 큰 사고는 2009년에 일어났다. 당시 죽

은 인공위성이었던 러시아의 코스모스 2251 위성(약 950kg)이 정상
운영 중이던 미국의 이리듐 33 위성(약 560kg)과 충돌하여 두 위성이
모두 파괴되었고, 많은 2차 우주 쓰레기가 발생되었다. 충돌 당시 두 위
성의 상대속도는 약 초속 11.7km, 또는 시속 42,120km이었다고 하
니, 그 엄청난 충격은 상상하기 어렵지 않다. 이와 같은 사고를 방지하기
위해 가능하면 모든 우주 쓰레기를 추적하여 인공위성 운영에 반영하
려는 노력이 계속되고 있으나, 우주 쓰레기의 양이 증가함에 따라 인공

[그림 5] 컴퓨터 시뮬레이션 이미지인 우주 쓰레기. 현재 추적 중인 우주 쓰레기로서, 정지
궤도 위성이 있는 약 35,785km 고도 주변과 2,000km 이하의 저궤도 위성이 있는 고도에
집중되어 있다(출처: 미국 NASA).

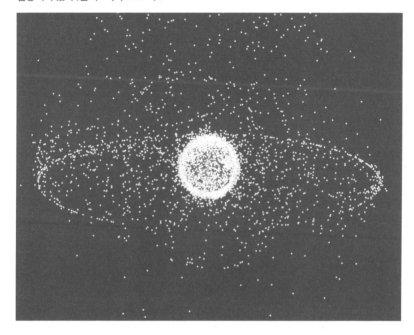

위성 사고는 점차 증가할 것으로 예측되고 있다.

그렇다면 이처럼 인공위성 운영에 큰 위협이 되는 우주 쓰레기를 어떻게 해야 할까? 우선 2000년대 들어 우주 쓰레기를 줄이려는 노력이 시작되고 있다. 로켓에서 인공위성을 올리고 난 후에 로켓에 남아 있는 연료를 모두 방출함으로써 로켓 폭발에 의한 우주 쓰레기 발생을 방지하려고 하고 있고, 또한 향후 인공위성을 발사할 때 수명이 다한 인공위성은 궤도 수정을 통해 지구로 복귀시키거나 충돌 위험이 없는 무덤 궤도로 이동시키는 계획도 하고 있다. 이미 존재하고 있는 우주 쓰레기를 제거하고자 하는 노력도 함께 진행되고 있는데, 미국 NASA에서 제안된 레이저 부름(laser broom)이라는 시스템은 지상에서 쏜 레이저

[그림 6] 유럽 우주국 ESA에서 2021년 발사를 목표로 준비하고 있는 우주 쓰레기 제거 시스템 (e. Deorbit) 개념도(출처: ESA).

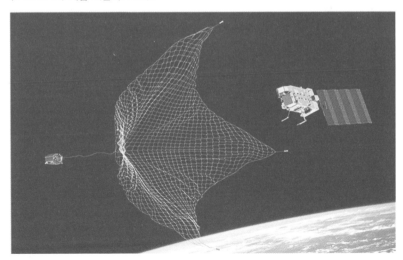

를 이용해서 우수 쓰레기의 궤도를 수정히어 지구 대기로 유두하고자 하는 계획이다. 반면에 유럽 우주국에서는 우주 쓰레기를 실제로 포획하여 지구 대기 방향으로 궤도를 수정하는 계획을 세우고 있다([그림 6]). 그러나 이런 방법들은 인공위성 1대를 쏘아 올리는 비용과 비슷한 비용이 요구되기 때문에 실질적인 우주 쓰레기 제거 방법으로 사용되기에는 아직 시기상조인 것으로 보이지만, 미국, 유럽, 일본 등 우주 개발 선진국에서는 우주 쓰레기를 제거하기 위한 다양한 방안을 모색하고 있다.

지건화

동국대학교에서 대학원까지 물리학과를 졸업하고 미국 유타 주립대학교에서 우주물리학으로 박사학위를 받았다. 2007년부터 한국해양과학기술원 부설 극지연구소에서 우주환경 및 극지 고층대기 연구팀을 이끌고 있다. 북극 다산기지와 스웨덴 키루나, 남극 세종과학기지 및 장보고과학기지 등지에서 극지 고층대기 관측을 위해 다양한 광학 및 레이더 관측장비를 운영하고 있다. 최근에는 장보고과학기지에서의 관측 활동을 통해 오로라 및 관련 우주과학 연구를 본격적으로 시작했다. 남북극 극지에서의 우주환경 및 고층대기 관측활동을 바탕으로 국내외 다양한 관측 및 연구 프로그램에서 주도적인 역할을 담당하고 있다.

PART
4.

흙:
인류 생존의 기반

식량 생산기지 토양 김필주   200

광물 자원 공급원으로서의 대지 허철호   219

거주 공간 제공처로서의 토지 박지영   236

오염물 해결처로서의 토양 박현   248

아스팔트와 콘크리트로 덮인 도시에 사는 사람들에게 '흙'은 지저분한 먼지를 만드는 존재로 여겨진다. 그런데 많은 시(詩)와 종교에서는 우리 삶을 '흙에서 와서 흙으로 돌아가는 인생'으로 표현하고 있다. 특히 성경에는 "흙으로 사람을 지으시고 생기를 그 코에 불어넣으시니 생령이 되었다"(창 2:7)라는 표현으로 인간의 기초가 '흙'이라고 말한다. 사실 인간은 흙에서 나온 것들을 먹으며 흙 위에서 살다가 흙에 묻히는 존재이다.

흙은 이산화규소(SiO_2)를 주축으로 다양한 원소들이 붙어 있는 존재이다. 이들 흙 입자들이 모여서 3차원 구조를 이루고 있는 존재가 토양(土壤)이며, 각종 생물의 생존 기반이 된다. 토양이 안정적으로 모여 있으면 우리가 밟고 설 수 있는 공간이 제공되는데, 이것을 땅, 토지(土地) 또는 대지(垈地)라고 부른다. 흔히 토지의 생산 기능과 거주 공간으로서의 흙은 잘 이해하고 있다. 하지만 각종 생활용품의 원료가 되는 자원을 제공한다거나, 삶의 부산물인 각종 쓰레기를 청소하고 분해하는, 정화 기능으로서의 흙의 중요성을 이해하는 사람은 드물다.

토양은 단순한 입자들의 모임이나 자원 공급원만이 아니다. 토양은 살아 있는 생명체이며, 모든 생태계가 지속가능하게 유지되도록 하는 존재이다. 토양은 각종 자원(양분)과 에너지를 축적하고 있다가 다른 생태계 구성원들이 사용할 수 있도록 제공하는 존재이며, 생물학적인 분해 공정을 통해 자원을 재생산하는 공장이다.

토양은 모든 식물이 뿌리박고 살 수 있는 터전을 제공하고 물과 양분을 공급하여 1차 생산자인 식물의 생존 무대이다. 또한 초식동물이 육식동물의 먹이가 되므로 궁극적으로 흙은 모든 생물의 식량(食糧) 원천이다. 물에서 살아가는 생물도 있지만, 인간을 비롯하여 뭍에서 살아가는 각종 생물이 집을 짓고 살아갈 수 있는 거주 공간의 기반도 토양이다. 그리고 땅 아래 묻혀 있는 지하자원은 인간의 삶에서 활용되는 각종 광물자원을 제공하여 물질과 에너지의 원천이 되고 있다. 아울러 토양은 그 속에 살고 있는 각종 미생물의 활동을 통해 각종 생물활동의 부산물인 쓰레기와 오염물질을 분해하여 다시 활용할 수 있도록 생태계에 돌려주는 역할도 하고 있다. 즉, 토양은 인류를 포함한 모든 지상 생물의 삶에서 알파요 오메가라고 할 수 있다.

식량 생산기지 토양
-
김필주 경상대학교 농업생명과학연구원장

식량을 향한 인류의 투쟁과 토양

인류의 역사는 식량을 얻기 위한 투쟁의 역사라고 해도 과언이 아닐 것이다. 인류는 원시시대부터 채집과 사냥, 그리고 작물 재배에 유리한 기후와 땅을 찾아 끝없이 이동해왔다. 부족한 식량 앞에서는 영원한 친구나 동지도 없었다. 생존을 위해 가까운 이웃과 잔혹한 전쟁도 서슴지 않았다. 지금까지 배고픔을 안고 성공한 왕조나 정권이 없다고 하지 않은가?

과학기술이 상상할 수 없을 만큼 발달한 21세기에도 세계적으로 약 10억 명 이상이 만성 영양 부족으로 고통 받고 있다. 최근까지도 북한에서는 약 2천만 명 이상의 동포가 식량이 부족해 고통 받았다. 먹을 거리를 찾아 목숨을 걸고 고향을 등졌고, 국경을 넘었다. 지금 이 순간에도 전 세계는 안정적 식량 확보를 위해 치열하게 전쟁을 치르고 있다.

　먹이사슬을 보면 우리의 식량은 식물(植物)에 기반을 두고 있다. 식물은 토양(토지)을 삶의 터전으로 하고 있다. 토양은 지구의 표면 10m 내외의 깊이로 분포하면서 식물체를 지지하고 양분과 수분을 공급하는 역할을 한다. 토양이 생존의 가장 기본적인 토대인 식량의 생산 기지로서 중요하다는 사실에 이의를 제기할 사람은 없을 것이다.

토양은 어떻게 만들어지는가?

　토양은 암석(rock) 풍화물과 유기물의 혼합체이다. 암석이 풍화되고 그 속에 유기물이 축적되면서 특징적인 층위(層位)가 형성되는데 이를 토양 생성 과정이라고 한다. 암석은 물, 산소, 이산화탄소 등과 반응하며 작은 크기로 분해되는데, 이렇게 만들어지는 것이 흙이다. 토양학에서는 2mm 이하의 입자를 흙(토양)으로 정의한다. 토양이 형성되는 초기에는 단순히 암석이 부서져 만들어진 미숙토양의 형태이다. 시간이 지나면서 다양한 환경적 영향으로 독특하고 복잡한 토양 층위가 있는 완숙토양으로 발전한다.

　토양 위에 나무나 풀이 자라면서 표면에 낙엽이나 가지 등의 유기물이 쌓이고 썩어 검은색의 유기물층(O층)이 만들어진다. 비나 눈이 오면 물이 땅속으로 스며들면서, 작은 크기 토양 입자인 점토(粘土)와 무기물(염류) 등이 아래로 이동하게 된다. 이렇게 점토나 무기 성분이 빠져나간 토층을 용탈층(A층), 빠져나간 물질이 쌓인 토층을 집적층(B층)이라고 한다. 집적층 아래에는 암석이 부서져 토양으로 전환되고 있는 모재층(C층)이 위치한다. 실제 자연계에서 식물이 자라고 농사를 지을 수 있는 토층은 용탈층(A층)과 집적층(B층)을 합한 부분으로 이 두께를 토심(土深; soil depth)이라고 부른다. 이후 설명할 토양의 생성 여건에 따라 달라지긴 하지만, 일반적으로 토심은 지구 표면에 불과 20~100cm 두께로 분포한다. 하지만 지상에 존재하는 거의 모든 생명체가 이곳에서 양분과 수분을 얻어 살아가고 있다.

토양은 각각 다른 모재, 기후, 지형, 생물적 간섭의 영향을 받고 시간이 지나면서 독특한 특성을 지닌 흙이 되어간다. 이때의 모재, 기후, 지형, 생물적 간섭, 시간을 토양 생성의 5대 인자라고 한다. 이 조건들에 따라 어떤 곳에서는 1,000년에 겨우 1cm 정도로 매우 느리게 토양이 생성되기도 하고, 100년 만에 60cm까지 만들어지기도 한다.

일반적으로 고온다습한 기후 조건에서는 습기와 온도의 영향으로 토양이 만들어지는 속도가 상대적으로 빠르다. 반면 춥고 건조한 기후에서는 매우 느리게 토양이 만들어진다. 토양에 서식하는 생물체는 토양의 물리적 구조 발달에 영향을 주기도 하며 유기물을 공급하면서 토양의 화학적 특성에도 영향을 미친다. 대표적인 예가 식물인데, 식물 뿌리는 다양한 유기산(organic acid)과 다량의 이산화탄소(CO_2)를 배출해 토양 산도(pH)를 낮추고, 무기 양분의 용해도를 높여 암석의 풍화를 촉진한다. 식물체 간에도 탄소와 질소의 비율(C/N율)이 낮은 활엽수와 초지의 부식(humic substance)은 중성을, C/N율이 높은 침엽수 부식은 산성을 띠게 된다. C/N율이 높은 소나무가 많은 곳의 토양 pH가 강한 산성을 보이는 이유가 여기에 있다.

대지는 어떻게 형성되는가?

암석이 풍화되어 작은 입자가 만들어지고 중력과 물, 바람에 의해 이동하여 퇴적되면서 독특한 대지가 형성된다. 우리 주변에서 쉽게 만날 수 있는 농경지는 물의 운반 작용에 의해 만들어진 땅이 대부분인데, 물을 따라 이동하는 토양 입자는 크기별로 운반 거리가 달라 퇴적되는 지점이 다르다. 경사가 심한 산간 골짜기로부터 평지 또는 하천으로 밀려온 암석과 흙이 퇴적되어 만들어진 흙을 선상퇴토라고 부르며 일반적으로 부채꼴 모양으로 쌓여 있다. 굵은 자갈을 많이 포함하고 있어서 농경지로 개발하기 위해서는 자갈을 골라내야 하는 어려움이 있다. 하지만 이런 땅은 물 빠짐과 통기성이 좋아 과수원이나 밭으로 사용하면 적당하다.

강에 흘러 들어온 흙은 강 양쪽에 가라앉아 퇴적하게 된다. 이때도 흙의 크기와 무게에 따라 퇴적 거리와 위치가 달라진다. 입자가 크고 무거울수록 강의 상단에 퇴적되고, 가볍고 고울수록 멀리 이동하여 퇴적된다. 그리고 강의 중앙을 중심으로 양쪽으로도 흙은 같은 양상으로 퇴적된다. 큰 홍수가 나서 범람했을 때를 상상해보자. 많은 양의 토사가 흘러나와 강의 중앙에서부터 멀리까지 퍼져나갔을 것이다. 강의 중앙에 가까울수록 큰 입자의 흙이, 멀수록 작은 입자가 퇴적되었을 것이다. 그만큼 위치에 따라 흙의 성격도 따라 달라졌을 것이다. 적당한 작물을 선택하기 위해 이러한 지형의 특징을 파악하는 것도 농부가 알아야 할 기본 지식 중 하나이다. 모래가 많은 하천변 농지에서는 뿌리 작물인 마,

우엉, 무, 고구미 등을 재배하는 것이 유리하다. 반면 하천의 중앙에서 멀리 있어 점토 함량이 높고 물 빠짐이 나쁜 대지에서는 논을 조성하고 벼를 재배하는 것이 현명한 선택이 될 수 있다.

강 주변에 퇴적되어 만들어진 대지는 형태에 따라 세 가지 종류—홍함지, 하안단구, 삼각주—로 분류한다. 홍함지는 강의 양쪽에 흙이 퇴적되어 만들어진 땅이다. 지금의 강은 양쪽에 크고 단단한 둑이 설치되어 물이 가는 길을 정하고 있지만, 인간의 힘이 미치기 전 강의 모습은 달랐을 것이다. 홍수의 규모에 따라 강이 가는 길과 물이 넘치는 면적이 매번 크게 차이 났을 것이다. 다양한 규모의 홍수와 범람에 의해 흙이 퇴적되어 만든 땅을 홍함지라고 한다.

살아 있는 강은 뱀처럼 꼬불꼬불 흘러가고, 그 안에서는 계속해서 바깥쪽은 깎이고 안쪽에는 흙이 쌓인다. 홍수의 규모에 따라 깎이고 쌓이는 대지의 면적과 모양도 크게 달라질 수 있다. 이렇게 강이 움직이면서 홍함지를 깎고, 물이 빠진 뒤 계단처럼 드러난 땅을 하안단구라고 한다. 물에 의해 깎이기 전 주변의 홍함지와는 다른 토양 조성이 나타날 수 있다.

물과 함께 운반되는 흙 중 무게가 가벼운 점토와 유기물은 멀리 이동해서 강의 끝자락, 바다와 만나는 지점에 삼각형 형태로 퇴적하게 된다. 이를 삼각주라고 부른다. 땅이 비옥하고 입자가 균질해서 농사짓기에 가장 적당한 땅으로 분류된다. 전 세계 제일의 곡창지대는 대부분 삼각주에 위치하고 있다. 삼각주 토양은 비옥하고 수자원이 풍부해 농업 생산성이 높다. 세계 4대 문명 발생지(황하, 인더스, 메소포타미아, 이집트 문명)가 모두 삼각주에 위치하고 있다.

　우리나라의 농경지는 대부분 물의 이동 작용을 통해 형성되었지만, 전 세계적으로는 바람의 이동 작용에 의해 만들어진 대지도 상당히 많다. 사막에서 볼 수 있는 사구가 가장 대표적인 풍적토(風積土)인데, 모래만으로 형성되었기 때문에 농경지로 활용하기는 어려운 땅이다. 세계적으로 대형 사막 인근에는 아도베(adobe)와 로스(loess)라고 부르는 풍적토가 많이 형성되어 있다. 토양 입자가 작은 미사나 점토가 바람에 날려 인근에 내려앉으면서 만들어진 퇴적 토양이다. 칼슘(Ca) 등의 무기 양분이 다량 포함되어 있어서 물만 충분히 확보된다면 양질의 농경지로 이용될 수 있는 토양이다.

　우리나라 대지의 90% 이상은 산악지역이다. 통계적으로 산악지가 52%로 가장 많고 구릉지(19%)와 곡간지(11%) 산록경사지(7%) 순으로 분포되어 있다. 산악지역은 대부분 척박하다. 구릉지는 해발고도 200~600m에 위치해 있고 기복이 완만한 지형을 말하며, 곡간지는 산과 산 사이 골짜기에 퇴적된 토양, 산록경사지는 산기슭의 경사진 곳에 중력에 의해 퇴적된 대지를 의미한다. 이와 달리 하천 범람으로 만들어진 대지인 평탄지(7%)와 선상지(1%), 홍적대지(1%)는 매우 적은 편이다. 즉, 우리나라 국토는 농사짓기에 어려운 지형학적 구조를 가지고 있다.

토양은 무엇으로 구성돼 있나?

　한 줌의 흙을 떠서 그 안을 관찰해보자. 전체 부피를 100이라고 하년 바위가 부서져 만들어진 고체(고상)와 수분(액상), 그리고 공기(기상)가 속을 채우고 있다. 이 요소들을 토양의 3상이라고 한다. 뽀송뽀송한 밭이나 산림 토양의 약 50%는 고상(solid phase)이 차지하고 있다. 나머지 50% 공간을 공극(pore space)이라고 한다. 공극의 절반을 액상(liquid phase)과 기상(gaseous phase)이 각각 차지하고 있다. 일반적으로 공극의 비율이 높을수록 좋은 토양으로 평가한다. 공극의 비율이 높다는 것은 그만큼 유효 수분을 저장하는 능력이 크며, 신선한 공기를 공급하고 필요 없는 물을 배수할 수 있는 능력이 크다는 의미이다.

고상은 암석의 풍화물과 약간의 유기물로 구성되어 있다. 주로 식물을 지지하고 무기양분을 공급하는 역할을 한다. 단단한 바위가 수천 년에서 수십만 년 동안 서서히 풍화되면서 작은 알갱이 흙이 만들어진다. 암석 속에 있던 다양한 무기 성분이 녹아 나오고, 유기물이 분해되면서 양분을 만들어낸다. 토양 입자 표면에는 음전하(negative charge)가 흐르고 있어서 생성된 이온 형태의 무기양분을 흡착하고 보관해주는 역할을 한다. 토양 입자 표면에 흐르는 음하전도(negativity) 크기가 양분의 흡착력을 결정한다. 이를 보비력(保肥力)이라고 한다. 화학적으로 흙을 좋게 만든다는 것은 토양의 보비력을 키우는 것을 의미한다.

토양 내에서 유효수분을 저장하고 통기와 배수를 할 수 있는 통로를 공극이라고 한다. 공극은 크기에 따라 소공극(micro pore space)과 대공극(macro pore space)으로 구분한다. 소공극은 흙 입자들 사이 작은 공간을 의미하며, 유효수분을 저장하는 기능을 한다. 소낙비가 메마른 땅에 떨어지자마자 없어지는 현상은 소공극의 강력한 흡습 능력 때문이다. 대공극은 입단(aggregate)과 입단 사이의 큰 공극을 말한다. 여기서 입단은 토양 입자들이 모여 만들어진 토양 덩어리를 말한다. 대공극은 주로 통기와 배수를 담당한다.

토양 내 공극량을 증대시키기 위해서는 토양의 입단화(aggregation)가 필요하다. 토양 입자를 입단화하기 위해서는 다가 양이온(multi-valent cation)의 역할이 중요하다. 토양 내 흔히 존재하는 양이온 중 가수화 반경(hydration sphere)이 작고 원자가가 높은 칼슘(Ca^{2+})이 대표적 입단화 조장 물질이다. 이와는 반대로 가수화 반경이 크고 저가 양이온인 나트륨(Na^+)은 입단을 파괴하는 기능이 있다. 토양 내 소금이 과량 유입되는 것을 걱정하는 이유가 여기에 있다. 간척지 토양에서 과량으로 축적된 나트륨은 토양 입자를 분산시켜 배수를 불량하게 만들고, 제염(除鹽)을 어렵게 만들 수 있다.

흙 알갱이를 입단화하기 위해서는 토양의 유기물 함량을 높이는 것이 중요하다. 식물체의 잔재, 예를 들어 볏짚이나 낙엽이 미생물에 의해 분해되고 나면 검은색의 부식(humus)만 남게 된다. 부식은 스펀지와 같은 형태로 양분과 수분에 대한 높은 보유력을 가지고 있다. 일반적으로 부식이 많은 토양은 검은색을 띠며 생산성이 높다. 음하전도가 큰 부식의 함량이 많아지면 칼슘 등과 결합하여 토양의 입단화를 촉진하고 물리성을 개선할 수 있다.

한편, 토양 중에는 엄청난 수의 미생물이 존재하며 이들 미생물이 토양의 입단화에 중요한 역할을 담당한다. 토양 속 3대 미생물을 세균,

곰팡이, 밍(사)선균이리고 한다. 이 중 곰팡이는 균사체를 형성하여 토양 입자를 물리적으로 뭉치게 하는 능력을 가지고 있다. 여러 가지 미생물은 살아가면서 점성의 고분자 물질을 만들어내고, 그중 일부는 토양의 입단 형성을 도와준다. 미생물을 잘 살 수 있도록 토양 환경을 좋게 만들고, 먹이가 될 수 있는 유기물을 지속적으로 공급하는 것도 토양 물리성을 개선하는 중요한 토양관리 요령 중 하나이다.

식물의 생존을 위해 물과 양분을 공급하는 흙

우리가 잘 알고 있는 것처럼 흙은 식물체를 기계적으로 지지해서 세우고, 살아가는 데 필요한 물과 양분을 공급한다. 학문적으로 식물 생육에 필요한 필수원소(essential element)가 되기 위해서는, 다음의 두 가지 조건을 만족해야 한다. 식물 생육에 반드시 필요해야 하며, 분명한 생리적 기능(metabolic function)을 가지고 있어야 한다. 현재까지 총 18개의 원소(C, H, O, N, P, K, Ca, S, Mg, Fe, Mn, Co, Ni, Cu, Zn, Mo, B, Cl)가 식물생육에 필요한 필수원소로 분류되고 있다. 탄소(C)와 수소(H) 산소(O)는 광합성을 통해 포도당을 만드는 필수요소이며, 질소(N)는 엽록소와 단백질, 핵산 합성에 필수불가결의 요소이다. 인(P)은 핵산과 인지질을 만드는 데 필요하므로 필수요소가 될 수 있다.

하지만 식물은 앞서 열거한 18개 원소 이외에도 많은 무기 성분을 흡수하고 있는데, 이들 원소가 가지는 생리적 기능이 아직 명확히 밝혀지지 않아 필수원소로 분류되지 못하고 있다. 예를 들어, 벼는 규산

(SiO_2)을 자기 몸무게의 10% 이상 흡수하고 있지만 규소(Si)는 아직 필수원소로 분류되지 못하고 있다. 규소의 구체적 생리적 기능이 여러 식물에서 밝혀지지 않고 있기 때문이다. 규산이 벼에 흡수되어 식물체의 직립성을 개선하여 광합성을 증진하고 수량을 증대시킨다는 정도의 정보만이 알려져 있다. 개인적으로는 지구상에 존재하는 거의 모든 원소가 식물체에 필수원소일 것이라고 생각한다. 추후에 과학이 좀 더 발전하면 지구상에 존재하는 많은 무기 성분이 필수원소로 분류될 수 있을 것이다.

　필수 양분 중에 C, H, O, N의 4가지 무기 성분을 제외한 나머지 14개 필수 양분은 암석의 풍화를 통해 공급되고 있다. 암석은 규산$(SiO_2,$ 약 60% 함유$)$을 주성분으로 하고 있으므로 우리는 규산 위에 살고 있다고 해도 과언이 아니다. 규산은 매우 안정적인 화합물이지만, 대부분의 식물에게는 필요하지 않은 성분이다. 하지만, 이들을 뼈대로 하여 산화알루미늄$(Al_2O_3,$ 약 15%$)$과 산화철$(FeO와 Fe_2O_3, 6{\sim}7\%)$, 그리고 다양한 무기 성분이 산화물 형태로 함유되어 있다. 암석이 풍화되면서 이들 무기 성분이 흘러나와 식물에 양분으로 공급된다.

　식물체가 광합성을 위해서는 이산화탄소(CO_2)와 물(H_2O)을 잎의 기공과 뿌리를 통해 각각 흡수해야 한다. 나머지 필수원소는 뿌리를 통해 물과 함께 흡수된다. 물은 극성이 높기 때문에 극성이 높은 이온(ion) 형태의 양분을 잘 용해시킬 수 있다. 따라서 뿌리를 통해 흡수되는 대부분의 양분은 이온 형태를 하고 있다.

　대기 중 78%가 질소(N_2)로 구성되어 있지만 아이러니컬하게도 사언계 식물제는 늘 질소 부족으로 어려움을 겪고 있다. 대기 중 질수는 식물이 이용할 수 없는 형태이기 때문이다. 대기 질소는 안정한 형태로 물에 녹지 않기 때문에 식물이 흡수할 수 없다. 질소가 암모늄(NH_4^+)이나 질산태(NO_3^-) 질소와 같은 이온 형태로 변했을 때 비로소 물에 녹아 식물이 흡수할 수 있다. 이 때문에 식물은 늘 질소를 찾아 뿌리를 길게 키우고, 썩어가는 유기물 근처를 기웃거리고 있다.

번개가 많이 치는 해에는 풍년이 든다는 옛 어른들의 말씀이 있다. 이는 충분한 과학적 근거를 가지고 있다. 번개가 칠 때 생겨나는 엄청난 에너지가 대기 질소를 축합하여 다양한 형태의 이온으로 변화시키고, 빗물과 함께 대지에 내려와 작물에게 공급되기 때문이다. 그렇지만 자연계 토양 내 존재하는 질소의 대부분은 흙 속 특정 미생물에 의해 고정되어 공급되었던 이력을 가지고 있다.

흙은 또한 미생물 서식처를 제공하여 양분을 공급한다

대기 중 질소를 고정할 수 있는 미생물을 질소고정균이라 한다. 질소고정균은 살아가는 형태에 따라 공생 미생물과 비공생 미생물로 구분한다. 우리가 잘 알고 있는 뿌리혹박테리아(Rhizobium)가 대표적 공생 질소고정균이다. 아조토박터(Azotobacter), 콜로스트리움(Clostridium)과 시아노박테리아(Cyanobacteria)는 대표적 비공생 질소고정균에 속한다.

뿌리혹박테리아는 콩과식물과 공생 관계를 형성하고 있다. 그 많은 식물 중 유독 콩과식물과 공생 관계라니 참 신기한 일이다. 우리 주변에서 볼 수 있는 다양한 콩, 검은콩, 메주콩, 강낭콩, 팥, 녹두 등이 대표적인 콩과식물이다. 이외에도 토끼풀, 자운영, 헤어리베치, 칡, 싸리나무, 아카시나무가 또한 콩과식물에 속한다. 뿌리혹박테리아는 대기 중 질소를 고정하여 식물에게 제공하고, 식물은 광합성을 통해 합성한 당(glucose)을 뿌리혹박테리아에게 나누어준다. 환상적 협력 관계라고 할 수 있다. 이러한 공생 관계를 통해 콩과식물은 척박한 토양 환경에서도 잘 살아남을 수 있다. 일제강점기와 한국전쟁을 겪은 우리나라의 척박한 민둥산에 아카시나무를 많이 심은 이유가 바로 여기에 있다. 전원 생활을 하다보면 잔디밭에 잘 자라고 있는 토끼풀의 질긴 생명력을 볼 수 있는데, 이들도 콩과식물에 속한다. 그만큼 살아가기 유리한 구조를 가지고 있다. 함께 하면 삶이 이롭다는 분명한 이치가 콩과식물에서도 발견된다.

뿌리혹박테리아를 포함한 미생물과 식물은 죽어 토양에 묻히게 되면 토양 유기물로 전환된다. 이때 유기물 속에 있는 질소를 유기태 질소(organic N)라고 한다. 유기태 질소는 식물이 이용할 수 없다. 미생물이 유기물을 분해하여 무기태 질소(inorganic N)로 전환해야 비로소 식물이 이용할 수 있다. 토양 내 질소의 90% 이상은 유기태 질소이고, 10%도 안 되는 질소만이 식물이 이용 가능한 무기태 질소 형태를 하고 있다. 조용한 땅속에도 식물과 미생물은 양분을 놓고 전쟁을 하고 있다. 우리가 살아가는 인간 사회와 별반 다르지 않다.

토양은 각종 유전자원을 보존하는 기능을 가지고 있다. 토양 속에서는 안정적으로 수분과 공기를 공급받을 수 있다. 온도 변화도 대기에 비하어 훨씬 꺽디. 안정적인 환경 때문에 토양 속에 유입된 유전자원은 생명을 유지할 수 있다. 천 년 전 흙 속에 묻힌 연꽃 씨앗이 발아해서 꽃을 피웠다는 것이 화제가 되곤 한다. 흙 속 배지에는 씨앗이 생명을 유지하기 적당한 온도와 수분이 유지되고 있어 가능한 일이다.

마지막 절에서 자세히 살펴보겠지만, 토양은 미생물의 활동을 통해 오염물질을 분해하고 무독화하여 환경을 정화하는 기능을 가지고 있다. 세균(bacteria), 곰팡이(fungi), 방선균(actinomycete)을 흙 속에 가장 많아 사는 3대 미생물로 이야기한다. 흙 1g 속에는 1억~10억 마리의 세균이 살고 있다. 여기에 곰팡이와 방선균을 합하면 그 수가 얼마가 될지 모를 일이다. 미생물이 흙 속에서 증식하기 위해서는 좋은 환경(온도, 수분, 공기, pH 등)과 충분한 먹이가 필요하다. 미생물 대부분은 따뜻한 온도, 충분한 수분, 신선한 공기가 있는 흙에서 활성이 높다. 미생물이 활동하기 위해서는 충분한 양의 먹이가 필요하다. 양질의 먹이가 많을수록 미생물 활성은 높아 질 수 있다. 미생물 먹이는 크게 탄소(C)를 포함하는 에너지원과 질소(N)를 포함하는 영양원으로 구분한다. 미생물은 자기증식을 위해 끊임없이 에너지원과 영양원을 찾고 있다. 동물 사체와 같은 유기 오염물질이 토양에 들어오면 미생물은 먹이를 위해 적극적으로 분해에 참여하게 된다. 이러한 과정을 통해 오염 토양은 자연스럽게 정화된다. 이외에도 석유 화합물, 합성 농약과 같은 다양한 유기 오염물질은 흙 속 미생물에게는 에너지원이 될 수 있다. 이 과정에서 유기오염물질이 분해되고 무독화될 수 있다.

토질(土質)을 어떻게 관리할 것인가?

토양의 질(soil quality)을 간단하게 정의하기는 쉽지 않다. 이용하는 사람의 사용 목적에 따라 정의가 크게 달라질 수 있다. 예를 들어, 도로를 건설하는 토목기술자는 좋은 흙을 '딱딱하고 안정된 흙'으로 정의할 것이다. 반면 농민에게 좋은 흙은 '작물의 생산성이 높은 토양'으로 정의할 것이다.

인간은 본격적으로 농사를 지으면서 땅을 집약적으로 관리하기 시작했다. 작업하기 편하도록 대지를 평평하게 만들었고, 땅을 갈기 시작했다. 더 많은 생산을 위해 지속적으로 거름과 비료를 주었고, 산성 토양에는 석회를 뿌리는 노력을 아끼지 않았다. 이런 시비관리와 영농 활동은 자연스럽게 흙의 성격을 변화시키고 있다. 현재 농경지 토양의 특성

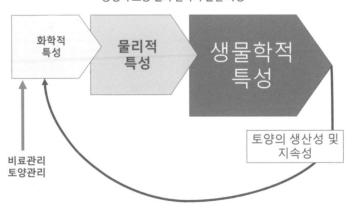

농경지 토양 질의 연속적 발전 과정

화학적
특성

물리적
특성

생물학적
특성

비료관리
토양관리

토양의 생산성 및
지속성

은 과거 흙의 특성과 크게 다를 것이라 짐작한다. 사람의 관리를 통해 흙의 화학적 특성과 물리적 특성이 변화되고, 나아가 생물학적 특성마저 크게 변화되고 있다.

일반적으로 좋은 흙, 즉 화학적 특성과 물리적 특성이 작물 재배에 유리한 흙은 미생물의 활성(activity)과 다양성(diversity)이 높은 편이다. 이는 사람이 사는 세상의 모습과 크게 다르지 않다. 좋은 농경지가 많고 생산성이 높은 중국에는 사람이 많고, 건조하고 척박한 사하라 사막에는 사람이 거의 없다. 미생물 역시 살아가는 환경이 좋고 먹잇감이 풍부하면 수가 늘고 종류도 다양해진다. 미생물의 활성과 다양성이 높은 토양에서 작물도 잘 자라고 높은 생산성이 유지된다.

제한된 농경지를 두고 인구는 계속 늘어나고 있다. 농작물 생산성을 높이는 기술개발이 중요하다. 불과 50~60년 전부터 화학 비료와 합성 농약 사용이 일반화되었고, 이로 인해 농업 생산성이 비약적으로 증가했다. 개인적으로 "우리가 모르는 사이 화학비료에 중독되었다"는 표현을 자주 쓰곤 한다. 친환경 농업을 하는 농부마저도 화학비료를 주었을 때 생산할 수 있는 수준을 생산 목표로 하고 있다. 어떤 채소나 과일이 맛있는지를 판단하는 입맛마저도 화학비료로 재배된 것을 기준으로 하고 있다. 우리의 생각과 오감마저도 이미 화학비료에 상당부분 길들어져 있다 해도 과언이 아니다.

우리는 주변에서 비료의 힘을 쉽게 체감할 수 있다. 우리의 선행연구를 통해서 보면, 남부 지역 논에서 비료를 주지 않았을 때와 비교해, 화학비료(NPK)를 사용하면 벼의 알곡 수량을 약 60% 높일 수 있다.

60%의 수량 증대 목표를 포기하면 화학비료 없이 농사를 지을 수 있을 것이다. 하지만 농지가 부족한 상황에서 올바른 선택은 아닐 것이라고 생각한다. 취미로 농사를 짓는 것이 아닌, 전업 농부가 벼 수량이 60% 낮아지는 상황을 감내하는 것은 어려운 일일 것이다. 그나마 논에서 벼를 재배했기 때문에 비료 없이도 이 정도의 수량을 얻을 수 있다. 관개용수, 즉 벼 재배를 위해 사용하고 있는 하천수와 저수지 물에 많은 양의 양분이 포함되어 있기 때문에 비료 없이도 이 정도의 수량을 얻을 수 있다.

밭에서 비료 없이 배추나 고추를 재배해 보자. 한두 해는 약간의 작물을 수확할 수 있지만, 3년 정도 지나면 아무것도 수확할 수 없게 된다. 초기에는 흙 속에 남아 있는 양분으로 조금이나마 작물 생육이 가능했지만, 양분이 고갈되고 나면 농사 자체가 불가능하게 된다. 비료 없이 키운 배추를 먹어보자. 크기도 작고 육질이 질겨서 삼겹살을 싸먹는 쌈으로나 사용이 가능할 정도이다. 다른 용도로 이용하는 것은 사실상 불가능하다. 우리는 버릇처럼 김장용 배추를 고를 때 아삭아삭한 배추를 좋은 것으로 이야기한다. 이처럼 우리의 식감마저도 화학비료로 재배된 배추에 길들여져 있다. 비료를 주지 않고 키운 배추는 생장이 느리고 육질이 단단하고 질긴 특성을 가지고 있다. 이런 맛을 현대인이 즐기기에는 쉽지 않다. 우리의 입맛마저도 화학비료에 길들어져 가고 있다.

인구 증가, 부족한 식량 사정과 작물의 생산성을 함께 고려한다면, 적당량의 화학비료를 주면서 작물을 재배하는 것이 현명한 방법으로 생각한다. 화학 비료를 지나치게 많이 사용해서 생길 수 있는 문제를 최대한 줄이려는 노력이 필요하다. 우리의 선행 연구에 따르면, 우리나라 논에서 벼 재배를 위해 투입된 질소(N)의 이용률은 불과 30%도 되지 않는다. 인산(P)의 이용률은 10%를 넘지 않고 있다. 투입 질소의 70% 인산의 90%가 주변으로 유출되어 환경을 오염시키고 있다는 것을 의미한다.

비료를 통해 투입된 질소의 일부는 암모니아(NH_3) 형태로 대기 중으로 날아가 초미세먼지와 토양을 산성화시키는 원인물질이 되고 있다. 일부는 온실가스인 아산화질소(N_2O)로 배출되어 지구온난화를 가속화시키고 있다. 이산화탄소(CO_2), 메탄(CH_4), 아산화질소는 3대 온실가스(greenhouse gas)로 분류되고 있다. 특히 아산화질소는 이산화탄소에 비해 지구온난화 유발 효과가 300배 이상 높은 것으로 알려져 있다. 암모니아와 아산화질소 배출량은 질소 투입량과 비례한다. 질소비료 투입량이 많아질수록 이들 오염물질의 배출량이 많아지게 된다.

농경지 투입 질소의 상당량은 물과 함께 지하로 용탈(leaching)되어 지하수를 오염시킬 수 있다. 표면 유거수와 함께 세탈(washing)되어 하천과 바다로 유입될 수 있다. 혈액 중 질산염(NO_3)은 헤모글로빈과 결합해 산소(O_2) 공급을 어렵게 해서 사람에게 청색증(methemoglobinemia)을 유발시킬 수 있는 위험물질이다. 국제적으로 음용수 중 질산염(NO_3)의 허용농도를 10ppm 이하로 규정하고 있다.

인산(PO_3^-)은 토양과 강하게 흡착하거나 침전하여 집적되는 특성이 있다. 질소와 달리 토양 내 이동성이 매우 낮지만, 심한 강우 발생시 토양이나 유기물과 함께 침식되어 하천이나 바다로 유입될 수 있다. 자연 토양과 비교할 때 대부분의 농경지 토양에는 상당량의 인산이 축적되어 있다. 특히 비료 투입량이 많은 농경지 토양에는 인산이 필요 이상으로 축적되어 문제가 되고 있다. 우리나라 대부분의 시설 재배지 토양에는 과다 시비로 인한 염류(salt)가 많이 집적되어 많은 문제를 유발하고 있다. 염류 집적 토양에서는 양분의 불균형과 수분 이용률의 감소, 특정 성분의 독성 발현 등으로 작물생육을 방해하고 수량을 감소시키고 있다.

농민은 토양 내 염류집적에 따른 문제를 잘 알고 있다. 많은 농가에서는 집적 염류를 제거하기 위해 1~2개월간 깨끗한 물로 땅을 반복 세척하는 노력을 아끼지 않는다. 어떤 농가에서는 100일 이상 벼를 재배하면서 염류를 제거하고 있다. 이 과정에서 많은 양의 양분, 즉 비료 성분이 유출되어 지하수와 하천을 오염시키고 있다. 물속에서 질소와 인산은 부영양화(euthrophication) 유발물질이 되고 있다. 4대강을 중심으로 녹조발생이 심화되어 사회적 문제가 되고 있다. 물속에 질소와 인이 많기 때문에 생겨나는 현상이다. 남부 해안 지역을 중심으로 물의 온도가 가장 뜨거운 8월 초순부터 9월 초순까지 적조 발생이 해마다 반복되고 있다. 가두리 양식장에서 어류의 집단폐사가 발생하고 있다. 적조 피해를 줄이기 위해 엄청난 양의 황토가 밤낮으로 뿌려지고 있다. 이를 통해 일시적인 효과를 볼 수 있을지는 모르나, 근본적인 대책은 될 수 없다. 적조 생물의 영양원인 질소와 인의 유입을 줄여야 해결될 수 있는 일이다. 농경지에서 비료 투입량을 적극적으로 줄이려는 노력이 필요하다.

제한된 농경지에서 많은 인구를 부양하기 위해서는 단위면적 당

삭물의 생산싱을 높이는 것은 매우 중요하다. 비료의 활용은 농업 생산성을 높일 수 있는 가장 효과적인 방법 중 하나이다. 이 과정에서 투입된 양분의 상당량은 주변 수계로 유출되고 대기 중으로 날아가 환경을 오염시키고 있다. 농경지로부터 양분 유출량을 줄이기 위해서는 양분의 이용효율을 높이는 전략이 필요하다. 예를 들어, 현재 관행적으로 사용되고 있는 속효성 질소 비료의 이용효율은 30%를 넘지 않고 있다. 완효성(緩效性) 비료를 사용하거나 관비(灌肥; fertigation) 관리 등을 통해 질소 이용률을 70%까지 높일 수 있다면, 주변 환경으로 유출되는 질소량 70%를 30%로 줄일 수 있을 것이다. 이에 대한 우리 모두의 이해와 적극적 기술 개발 노력이 필요하다.

김필주

충남대학교 농화학과에서 박사학위를 받았다. 2001년부터 경상대학교 농화학과에서 학생들을 가르치고 있으며, 지구온난화에 대해 지속적인 연구를 해오고 있다. 특히 농업 활동 과정 중 발생하는 온실가스인 메탄과 아산화질소의 배출을 줄이기 위한 노력을 하고 있다. 온실가스 감축과 관련한 연구가 한국연구재단으로부터 총 4회 대표우수 성과로 선정되는 등 연구 성과를 인정받고 있다. 세계토양연합 2분과 부회장으로 활동하면서 2014년 제20차 세계토양학술대회를 성공적으로 개최하였다. 농업 환경 분야 세계 최고 권위지인 *Agriculture Ecosystems and Environment*의 편집위원으로 활동하고 있으며, 다수의 논문을 발표하였다. 개도국의 농업 개발사업에 활발하게 참여하고 있으며, 현재는 아프리카 세네갈에 농업기술학교 건설과 농업생산성 증대사업을 지원하고 있다.

광물 자원
공급원으로서의 대지
-

허철호 한국지질자원연구원 자원탐사개발연구센터 책임연구원

지하 광물은 문명 발달의 기본 소재

문명의 발달은 천연자원의 이용 없이는 불가능했을 것이다. 학자들은 문명 단계를 인류가 사용했던 천연자원의 종류로 구분한다. 즉 석기시대, 청동기시대, 철기시대 등이다. 금속은 17,000년 전에 처음 사용되었다. 자연 금속으로 발견되는 동(Cu)과 금(Au)은 인간이 사용한 최초의 금속이었다. 그러나 자연 동은 드물게 산출되기 때문에 6,000년 전쯤 인류는 제련을 통해 특정 광물로부터 동을 추출하는 법을 발견해냈다. 또 그로부터 수천 년 후에는 연(Pb), 주석(Sn), 아연(Zn), 은(Ag) 및 다른 금속 광물을 제련하는 법도 터득했다. 또한 여러 금속을 혼합해 더 단단한 금속을 만드는 기술이 개발되었다. 그렇게 만든 것이 청동(동과 주석) 및 백랍(주석, 연, 동)과 같은 합금이다. 철의

세련이 동의 제련에 비해 훨씬 어렵기 때문에, 제철 산업은 약 3,300년 전이 되어서야 발달하기 시작했다. 한편 석탄을 채광하여 연료 광물자원으로 사용한 최초의 사람들은 약 3,100년 전의 중국인이었다. 서구 역사를 살펴보면, 약 2,500년 전인 그리스-로마 제국시대에 이르러 인류는 금속 및 연료뿐만 아니라 시멘트, 석고, 유리, 자기와 같은 광물자원에 의존하게 되었다. 그 후로 인류가 채광하고 선광·제련하여 사용하는 물질들은 꾸준히 늘어났다. 최근에는 4차 산업혁명 시대가 도래하여 '새로운 석유'로 불리는 리튬 등 에너지 저장 광물과 관련된 2차 전지, 전기차 및 3C(Computing, Communication & Consumers; 스마트폰, 태블릿 PC, 노트북, 디지털 카메라, MP3, E-book 등을 의미) 산업 수요 증가에 따른 신소재의 개발과 활용이 매우 활발해지고 있다.

위에서 언급한 바와 같이, 인간은 오랜 옛날부터 대지(지각, 地殼)를 구성하고 있는 천연의 암석 중에 농집되어 있는 광물 자원을 채굴하고 정제하여 이용해왔다. 금속광물은 제련을 통해 동, 철, 금, 아연 같은 금속을 회수할 수 있는 광물이다. 비금속광물은 함유된 원소보다는 광물 자체의 물리적 혹은 화학적 성질 때문에 사용되는 광물이다. 즉, 소금, 석고, 탄산나트륨, 형석(CaF_2), 블록 제조용 점토 등이다.

현재 우리 사회는 전적으로 대지에서 채굴되는 재생 불가능한 광물자원의 공급에 의존하고 있다. 이러한 광물자원 공급원으로서의 대지의 역할을 살펴보고, 이를 국가 생존 기술의 측면에서 어떻게 발전시켜 나가야 할 것인지 고찰해보자.

광물자원 공급원으로서의 대지

지질학적 관점에서 보면, 지구의 표면은 암석으로 둘러싸여 있으며, 암석으로 구성된 지구의 외각(外殼)이 지각(地殼, crust)이다. 지각은 지진파의 연구로 지구 내부의 상태가 밝혀지기 전까지는 땅 껍데기 아래가 전부 녹은 돌로 되어 있을 것으로 추측되었고, 지구 표면에만 고화(固化)된 얇은 껍데기가 있는 것으로 생각되어 이 껍데기를 지각(earth crust)이라고 불렀다.

현대적인 의미의 지각은 모호면(지각과 맨틀의 불연속면, 대륙에서 평균 지하 35km, 해양에서 평균 지하 7km 위치) 위에 놓여 있으며 밀도가 $2.7 \sim 3.0 g/cm^3$인 암석으로 된 층이다. 지각은 대륙지각과 해양지각으로 구분된다. 대륙지각은 두께가 $10 \sim 60 km$(평균 35km)인 암층으로서 화강암질 암석으로 구성되어 있고 평균 밀도는 $2.7 g/cm^3$이다. 해양지각은 대양저 아래에 넓게 분포된 평균 7km의 두께를 가진 암층으로서 현무암질 및 반려암질 암석으로 되어 있으며 평균 밀도는 $3.0 g/cm^3$이다.

협의의 광물자원 공급원으로서의 대지는 대륙지각을 의미하지만, 실제로 해양지각을 대상으로 망간각과 심해저 열수광상이 발견되어 광물자원을 채굴하는 노력이 진행 중이다. 특히, 망간각은 바닷물에 함유된 금속이 수심 $800 \sim 2,500m$에 있는 해저산 사면에 눌어붙어 형성된 광물자원을 가리킨다. 희토류, 코발트, 니켈, 동, 망간 등 전자, 전기, 제강 등 산업용 재료로 쓰이는 금속이 함유돼 있어서 바닷속 노다지로 불린다.

그리고 대지(地殼)는 암석(巖石)으로 구성되어 있다. 암석은 생성 원인에 따라 크게 세 가지로 구분된다. 마그마의 냉각과 고결 과정에 의해서 만들어진 화성암(火成巖), 바다·호수·강에서 물에 용해된 상태로 운반된 물질의 화학적 침전 또는 물·바람·얼음의 운반 매체를 통하여 부유된 상태로 운반된 고체 물질의 퇴적에 의해서 형성된 퇴적암(堆積巖), 기존의 화성암 또는 퇴적암이 높은 온도 또는 압력을 받아 변화된 변성암으로 변성작용은 가마에서 도자기를 굽는 것과 유사한 과정이다. 점토와 같은 미세한 광물입자는 온도가 증가되었을 경우 일련의 화학반응이 일어난다. 즉, 도공에 의해서 점토로 만들어진 부드러운 토기는 전기로에서 온도가 상승하면 화학반응을 통하여 새로운 화합물로 구성된 도자기로 변화된다.

또한, 지구 내외부의 상호작용으로 상기 암석들은 암석순환을 겪게 된다. 화성암은 지표에 노출되어 퇴적물을 생성한 후 퇴적암을 형성한다. 퇴적암은 온도, 압력의 변화를 받아 변성암으로 변화된다. 온도와 압력이 너무 높아지면 변성암이 녹고 새로운 마그마를 형성한다. 마그마가 상승하여 새로운 화성암이 형성되며 이렇게 순환은 반복된다.

이러한 대지(地殼)는 크게 보면 대부분 3종의 암석으로 구성되어 있다. 이들이 지표에 분포된 면적은 분명히 알려져 있지는 않으나 변성암을 변성되기 전의 화성암과 퇴적암으로 환원시켜 개략적으로 계산하면 퇴적암이 75%, 화성암이 25%의 대지를 덮는 셈이다. 물론 이는 표토를 제거한 경우이다. 그러나 지하로 향하여 내려감에 따라 퇴적암의 양은 점점 감소된다. 그리고 어떤 깊이에서는 암석의 대부분은 화성암이 차지한다. 지구화학적 방법으로 얻은 결과에 의하면 지하 16km까지의 화성암 및 퇴적암의 양적 비는 체적으로 95 : 5이다. 이런 비율은 퇴적암이 지표 부근에만 얇게 덮여 있음을 지시한다.

그리고 암석은 여러 종류의 광물의 집합체로 되어 있다. 광물은 1종 또는 그 이상의 원소의 화합물로 되어 있으며, 지각을 이루는 암석의 구성단위이다. 광물의 종류는 약 3,500종에 달하나 암석 중에 발견되는 광물의 대부분은 지각 내에 가장 풍부한 장석(60%)과 두 번째로 풍부한 석영(15%)을 필두로 운모, 각섬석, 휘석, 방해석, 점토광물 등이며, 대지는 주로 40~50여 종의 광물로 구성된다. 그러나 대지 중에 광물이 경제적으로 이익을 내면서 채굴할 수 있을 만큼, 또는 현재는 채굴가치가 없으나 미래에 이익을 내면서 채굴할 수 있을 만큼 모여 있는 장소인 광상(鑛床)이나 변성작용을 받은 암석 중에는 여러 종류의 광물이 생성되어 있다.

광물은 천연산이고 무기적으로 생성된 고체로서 일정한 화학조성과 결정구조를 가지고 있는 물질로 정의되며, 여러 종류의 원소의 화합물로 되어 있다. 현재까지 발견된 원소의 수는 109종이나 지각을 구성하는 중요한 원소는 산소(45.2%), 규소(27.2%), 알루미늄(8.0%), 철(5.8%), 칼슘(5.06%), 마그네슘(2.77%), 나트륨(2.32%), 칼륨(1.68%) 등 8종이다. 이 원소들은 각각 지각 구성성분의 1% 이상을 차지하므로 지각을 구성하는 8대 원소라고 한다.

인류 생활에 사용되는 금속 원소의 대부분은 그 양이 매우 적어서 8대 지각 구성원소를 제외한 기타(1.97%) 원소의 0.41% 중에 들어 있으며, 이들은 광상(鑛床)이라고 하는 대지의 특정 장소에 모여 있는 곳에서만 채취가 가능하다.

예를 들어, 금속원소 중 알루미늄(8.0%)과 철(5.8%)은 지각 구성 원소 중에서도 대단히 많은 원소들이다. 그러나 이들 원소를 얻기 위하여 암석을 가져다가 제련하지는 않는다. 왜냐하면, 이런 정도의 품위(品位)를 가진 암석에서는 경제적으로 이들 금속을 추출할 수 없기 때문이다. 그러므로 이익을 올리면서 이런 금속원소를 얻을 수 있는 지각의 특수한 부분, 즉 다량의 유용한 원소를 포함한 부분을 찾아야만 할 것이다. 예를 들어, 앞에서 말한 조건을 충족시키며 철을 얻으려면 현재로서는 보통 50% 이상의 철을 포함한 광물의 집합체, 즉 철광상(鐵鑛床)의 발견이 필요하다. 이런 광상에서 채굴되는 광물의 덩어리는 경제적으로 가치가 있는 것으로서 이런 광물의 덩어리를 광석(鑛石)이라고 한다. 품위가 낮아서 경제적인 가치가 없는 광물의 덩어리는 광석이 아니고 암석에 불과하다. 이를 맥석(脈石)이라고 부른다.

한편, 개발 가능한 금광상은 지각의 평균 함량(약 4ppb)과 비교하여 약 1,000배의 농축 과정이 필요하며, 지역에 따라 일부 금 함량이 높은 근원암(약 20ppb)의 경우 광상을 형성하기 용이한 암석으로 고려되고, 이러한 금 함유량이 높은 근원암이 존재하는 지역에서는 추가적인 지질 여건이 주어지면 금속과 착이온이 결합하여 수백 배까지 농축된 광화유체의 상태로 이동하게 되며, 최종적으로 금이 침전되어 톤당 5~10g에 달하는 금광체가 형성된다. 앞으로 제련기술이 발달됨에 따라 광석의 개발 가능한 경제성 있는 품위는 더욱 낮아질 것으로 사료된다.

광물자원의 형성 과정

대지에서 광물자원을 효율적으로 확보하고 공급하기 위해 유용한 광물자원이 고농도로 농축되는 독특한 지구 시스템을 이해하는 것이 필요하다. 모든 광석은 한 가지 이상의 광물이 편재된 부화물이며 이러한 광석의 집합체를 광상이라고 한다. 광상의 형성은 하나 이상의 지질 작용의 결과이다. 어떤 광상이 광석인지 아닌지는 광석 개발을 위해 얼마나 많은 돈을 투자할 것인가에 따라 결정된다.

광상이 형성되기 위해서는 몇 가지 지질 작용에 의해 한 가지 이상의 광물이 특정한 곳에 부화(富化)되어야 한다. 주요 농집 작용을 기준으로 광상을 편리하게 분류해볼 수 있다.

광물자원은 주로 다음과 같은 다섯 가지 방법으로 농집된다.

① 지각 내 열극 및 공극을 따라 흐르는 뜨거운 수용액 용액에 의해 농집되는 열수광상(hydrothermal mineral deposit) : 세계에서 가장 유명한 광상의 대부분은 열수용액으로부터 침전되어 형성된 것이다. 많은 광상들이 다른 메커니즘보다는 이런 방식으로 형성되었을 가능성이 크다. 그러나 열수용액의 기원을 해석하는 데에는 어려움이 있다. 어떤 용액은 마그마가 상승해서 냉각될 때 마그마 내에 용해되어 있던 물이 방출되어 형성된다. 이외에도, 지각 내에서 깊이 순환하는 강수 혹은 해수로부터 형성된다.

② 화성암체 내에서의 마그마 작용에 의해 농집되는 마그마 광상

(magmatic mineral deposit)· 용융 및 정출 자용은 특정 광물을 다른 광물들로부터 분리시키는 두 가지 방법이다. 특히 분별 정출 작용에 의하여 크롬과 같은 가치 있는 광상이 생성된다. 모든 작용들이 마그마와 관련이 있어, 이러한 광상들을 마그마 광상이라고 한다. 크롬, 철, 백금, 니켈, 바나듐, 티타늄은 분별 정출 작용에 의해 농집된 광물자원이다. 화강암질 마그마의 분별 정출 작용에 의해 형성된 매우 조립질인 화성암을 페그마타이트라고 하는데, 보통 리튬, 베릴륨, 세슘, 니오븀 등의 원소들이 풍부하게 농집되어 있다. 세계 경암형 리튬의 대부분은 서호주 그린부시, 중국 등의 페그마타이트에서 채광된다. 캐나다 마니토바의 탕코 페그마타이트에서는 세계 세슘의 대부분이 생산되며, 여러 국가의 페그마타이트에서도 베릴륨의 주요 광석광물인 녹주석이 생산된다.

③ 호수 혹은 해수로부터의 침전에 의해 농집되는 퇴적 광상 (sedimentary mineral deposit): 퇴적광상이란 용어는 퇴적 작용을 통해 형성된 광물이 한 곳에 농집된 것을 가리킨다. 퇴적 작용이라면 어떤 방식이든 관계없이 한 곳에 광물을 농집시킬 수 있으나, 일반적으로는 용액 상태로 운반된 물질이 침전되어 형성된 광상에만 '퇴적'이란 용어를 사용해왔다.

④ 하천 또는 해안을 따라 흐르는 지표수로부터 농집되는 사광상 (placers): 비중 차이는 분급에 있어 특히 효과적인 방법이다. 비중이 큰 광물은 남게 되는 반면 비중이 작은 광물은 유수와 함께 떠

내려간다. 이렇게 비중이 큰 광물이 잔류하여 모이게 된 광상을 사광상이라고 한다. 사광상에 농집된 가장 중요한 광물에는 금, 백금, 석석(SnO_2), 금강석이 있다.

⑤ 풍화 작용에 의해 농집되는 잔류 광상(residual mineral deposit): 지표부에 노출된 암석이 강우 및 대기와 접하게 되어 화학적으로 불안정한 상태가 되면 풍화 작용이 일어난다. 특히, 화학적 풍화 작용은 용액 내 가용성 물질의 제거 및 불용성 잔류물의 농축을 통하여 광물을 농집시킨다. 따뜻한 열대성 기후의 강우량이 많은 환경 조건에서 다른 광물들이 토양에서 천천히 제거되고 나면, 지표면에는 라테라이트(laterite)라고 불리는 철이 풍부한 갈철석질 피각이 형성된다. 잔류 광상 중에는 철이 풍부한 라테라이트가 가장 흔하지만, 인류에게 필요한 자원의 측면에서 볼 때 가장 중요한 광상은 보크사이트라 불리는 알루미늄질 라테라이트이다. 보크사이트는 세계적으로 수요가 있는 알루미늄의 원료 물질이다.

광상 유형의 기본적 형성 과정은 다음과 같다. 첫 단계는 맨틀 움직임과 지각 변형이다. 마그마가 발생한 후 분지 생성/소멸의 지질 작용에 따라 차별화된 근원 물질 및 유체 특성이 유도되고, 순차적으로 매몰/광역 변성 작용과 구조 운동과 같은 광역적인 지질 작용으로부터 야기된 유체 유동성 유도에 의해 다양한 암석/지층을 통과하면서 시작된다. 암석의 균열을 따라 침투한 지하수는 규산염광물, 산화광물과 황화광물

을 용해시키며, 지하수로 순환하는 과정에서 뜨거운 관입암체와 접촉·
반응하여 특정 이온이 용출되어 다량의 원소를 함유하게 된다. 이러한
이동 과정에서 유체가 통과하는 암석 매체로부터 금속이온뿐만 아니
라, 착이온 등의 성분을 다량 추출하여 필요한 유용 금속을 많이 함유한
광화유체로 변화된다. 이러한 광화유체는 거시적 관점에서 대규모 지
질 매체 또는 구조대를 통하여 용이하게 이동할 수 있다. 광상 형성의 최
종 단계는 유용 성분이 특정 공간에 집중적으로 침전되는 과정이다. 예
를 들어 암석의 약선대(弱線帶)를 따라 침투한 지표수 또는 해수 등 다
양한 기원의 유체가 순환하면서 고온의 관입암체와 접촉·반응하며 주
변 암석을 통과하는 과정에서 다양한 특정 금속이온이 추출되며, 유용
성분을 다량 함유한 광화유체로 변화된다. 이러한 광화유체는 암석의
공극/절리 등 이동 공간의 특성에 따라 집중적으로 상승하고, 이동 과정
에서 접촉하게 되는 물리·화학적 환경 변화가 특정 금속 성분이 광석 광
물로 정출하는 침전 메커니즘을 유도하게 된다.

　요약하면, 대지에서 광상 형성의 가장 핵심적인 필수 인자는 근원
물질로부터 유용 금속을 추출하고, 운반 매체의 역할을 하는 물/가스와
같은 유체이다. 광상 형성과 관련된 광화유체는 지하심부 근원암으로
부터 지각 내 틈(예, 단층 또는 절리와 같은 열극)을 따라 상승하는 과정
에서 주변 암석과 물리·화학적 상호반응을 통하여 유용 광물을 함유한
광체(鑛體)를 만든다. 광화유체에 함유된 근원암의 화학 원소들이 주
변 암석으로 분산되면서 광체로부터 멀어질수록 특정 원소의 농도는 점
차 감소하여 근원암이 갖는 함량(배경치)에 가까워진다. 또한 이러한

분산에 의한 지구화학적 이상대(異狀帶)는 후차적 지질 변화에 의한 융기·삭박의 변화 과정을 통하여 지표로 노출되며, 초기 이상대와 광체는 지하수면 상부에서 산화 환경에 의하여 2차 분산이 발생하고, 철수산화물의 집합체인 고산(gossan)이 형성된다. 즉, 초기에 생성된 1차 분산 원소들은 화학적·기계적·생물학적 요인에 의해서 풍화된 암석이나 토양으로 재평형되어 안정된 분포 양상을 보인다. 또한, 특정 지역으로 이동하는 유동성은 시공간적으로 작용하는 다양한 지질 현상으로부터 유도되는 지구 내부의 에너지 불균형에서 발생하는 열과 압력의 변화의 형태로 유체에 대한 유동성에 직접적으로 작용하게 된다. 한편, 유체는 지층 매체 또는 약선대의 통로로 이동하는 과정에서 유용 금속 성분을 주변암으로부터 추출할 수 있으며 최종적인 단계에서는 유용 금속을 다량 함유한 광화유체로 진화하게 된다. 이후 특정 공간을 통과하는 과정에서 지질 매체의 환경 변화에 따라 고체상의 유용 광물로 정출이 유도되는 침전 메커니즘이 작용하여 집중적 농집 과정이 발생한다.

광물자원의 특이성

대부분의 산업 국가에는 광상이 풍부하게 부존되어 있어 활발히 개발되고 있다. 그러나 어떤 국가도 광물을 완전히 자급자족하지는 못하고 있으며, 따라서 각 나라는 수요를 충족하기 위해 다른 나라와 교역을 해야 한다. 모든 광물자원은 그 이용에 영향을 주는 세 가지 특이성을 갖고 있다. 첫째, 사용 가능 광물자원은 그 양이 한정적이며 지각(대지) 내에 편재되어 있다. 이것이 바로 어떤 국가도 광물자원을 자급자족하시 못하는 주요한 이유이다. 둘째, 어느 한 국가의 이용 가능한 광물자원의 양을 정확하게 알 수는 없다. 그 이유는 새로운 광상의 발견 가능성을 예측하기가 어렵기 때문이다. 현재 어떤 광물자원을 자급자족할 수 있는 국가는 머지않아 광물 자원 수입 국가로 전락하게 될 것이다. 예를 들면, 약 1세기 전 영국은 주석, 텅스텐, 연 및 철을 생산하고 수출하는 거대한 광업국이었다. 그러나 오늘날 그 광상들은 폐광되었다. 셋째, 매년 계절마다 경작되고 생산되는 과일 및 곡식과는 달리, 광상은 채광에 의해 그 양이 감소하여 결국 고갈되고 만다. 이에 대처하는 방안은 새로운 광상을 찾거나 자원을 재사용하는 방법뿐이다.

우리나라의 광물자원 현황 및 향후 과제

우리나라에 부존하고 있는 광물자원은 크게 금속 광물자원, 비금속 광물자원, 아금속 광물자원, 사광상자원, 화석연료와 핵연료 광물자원 및 건축용 석골재 자원으로 나눌 수 있다.

금속 광물자원은 금, 은, 동, 연, 아연, 철, 망간, 중석, 휘수연석, 주석, 창연 및 희토류 등이고, 비금속 광물자원은 흑연, 활석, 납석, 장석, 고령토, 석회석, 백운석, 규석, 규사, 규조토, 석면, 형석, 중정석, 운모, 황철석 및 홍주석 등이다. 아금속 광물자원으로는 유비철석과 유화광에 수반되는 휘안석이 있으며, 사광상 자원으로는 사금, 모나자이트, 저콘, 티탄철석, 석류석, 자철석 등이 있다. 화석연료와 핵원료 광물자원으로는 다량의 무연탄, 소량의 갈탄, 그리고 저품위의 우라늄광 등이 있고, 석골재 자원으로 화강석재, 셰일, 사암, 대리석 및 골재가 있다. 우리나라에는 극히 일부 지역을 제외하고는 염기성과 초염기성 화성암류의 노출이 알려지지 않아서, 이들과 성인적(成因的)으로 관련된 금강석, 백금, 크롬광 등의 부존은 아직도 확인되고 있지 않다. 국가 차원에서 인정하는 법정 광물은 광업법 제3조에 의거하여 금속광 36종과 비금속광 30종으로, 도합 66종이다.

우리나라의 2017년 기준 광물 수입 의존도는 93%가 넘고, 금속 광물의 경우 수입 의존도가 99%에 달한다. 주요 광물자원의 경우 국가 비축 사업을 통해 관리하고 있다고 해도 다양한 수입 여건 변화에 따른 자원 확보 문제를 늘 과제로 안고 있다. 해외 광산 개발을 통해 자원을 수급하는 것도 쉬운 일이 아니다. 광산 개발은 긴 시간이 필요한 사업이다. 자원 탐사부터 개발, 채굴, 제련, 수송 등의 과정을 거쳐야 하기 때문에 원하는 광물자원을 손에 넣기 위해 길게는 10년 이상의 시간이 소요된다. 비용도 사업 규모에 따라서는 조 단위를 넘어가기 일쑤인 탓에 국내 기업들이 해외 광물자원에 직접 투자해 성공한 사례가 손에 꼽을 정도다.

최근 북한 비핵화와 남북 화해 분위기가 조성되면서 북한 광물자원에 대한 기대감이 높다. 북한에는 약 370여 종의 광물자원이 분포해 있다. 그중 유용한 광물자원은 200여 종이며 경제성이 있는 광종은 20여 종으로 알려져 있다. 대표적 광물자원인 마그네사이트는 품질도 양호하고 매장량이 60억 톤이다. 그 외에도 아연 매장량은 2천 1백만 톤, 중석 25만 톤, 흑연 2백만 톤, 철 50억 톤, 금 2천 톤 등으로서 매장량이 세계 10위권 내에 있는 광물도 적지 않은 것으로 알려져 있다. 또한, 에너지 광물자원인 석탄의 매장량은 무연탄, 갈탄을 포함하여 205억 톤으로 매년 1천 5백만 톤가량을 중국으로 수출하고 있다. 그러나 북한은 지하자원 매장량을 공식적으로 발표하지 않아, 알려진 내용에 대한 진위 여부를 확인할 방법이 없다.

한국광물자원공사가 2016년에 추정한 자료에 따르면 북한에는 총 42개 광종이 매장돼 있고 이에 대한 잠재적 추정 가치는 3,200조 원에 달한다. 추산 가치가 3,000조 원이 넘어 노다지로 불리는 북한 광물자원을 개발하는 문제와 관련해서, 장밋빛 전망이 나오긴 하지만 추산 가치는 말 그대로 추산일 뿐이다. 한국광물자원공사 관계자는 "북한은 광물자원을 국가 자산으로 규정하고, 매장량 등 지하자원에 대한 통계 자료를 대외비로 철저히 통제하고 있다"며 "북한 내 지하자원에 대한 체계적이고 정확한 통계 자료는 정리할 수 없는 것이 현실"이라고 밝혔다. 당장 북한 자원 개발이 현실화된다고 해도 남과 북이 협력해 실질적인 자원 탐사부터 먼저 해봐야 한다는 게 학계의 정설이다.

그럼에도 불구하고 우리가 북한 지하자원 매장량과 그 가치에 대해 크게 관심을 갖는 이유는 북한 지하자원의 부존 여부와 그 개발 가능성에 따라 향후 통일 한반도를 지향하는 우리의 미래가 크게 달라질 수 있고, 그 미래 가치를 어떻게 실현할 수 있을지에 대한 고민과 기대가 남다르기 때문이다.

광물자원을 어떻게 확보할 것인가?

세계적으로 광물자원의 소비 성향은 근본적으로 (1) 첨단 산업의 기술 발전에 따라 새로운 금속 수요가 창출된다는 점뿐 아니라, (2) 에너지 효율성을 고려한 저에너지·소비형 부품의 경제적 측면,(3) 환경·건강 문제와 관련된 수요 변화, 그리고 (4) 시대에 따른 디자인 변화 등 유행에 따라 부품 원자재가 대체되는 경향의 영향을 받고 있다. 예를 들면, 산업적인 측면에서 과거에는 주로 철과 연이 사용되었으나, 점차 동, 알루미늄, 티타늄, 플라스틱 등 경량 소재가 대체 물질로 사용됨에 따라 부품이 저에너지·소비형으로 변천되고 있으며, 친환경 소재로 전환되는 추이를 보이고 있다.

그리고 광물자원은 지하에서 광석을 채굴하면 최종 단계에서 전부 소진되는 유한성의 속성에 따라 '재생 불가능한 자원'(non-renewable resources) 또는 '고갈성 자원'으로 표현된다. 특히 미래 사회가 직면할 광물자원의 문제는 근본적으로 재활용의 한계에서 기인한다. 나아가, 고갈성 자원의 한계와 함께 국제 자본의 독점 지배 구조, 신자원 민족주의, 지구 환경 영향 등 복합적인 사안이 다양하게 작동하고 있다. 최근 희유금속은 비철금속과 비교해 공급 물량이 제한되어 있어서 세계 자원 시장에서 수급 상황이 매우 심각하다.

광물자원의 향후 공급과 관련해서, 일반적으로 지각(대지)의 원소 존재량과 분포 특성에 따라 유형별로 생산 가능한 자원량의 한계성이 보고되고 있다. 지각에 고르게 분포하는 비철금속 광물자원은 개발 품위(cut-off grade)가 하향 조절될 경우, 개발 가능한 매장량이 대폭 증가할 수 있어서 수급이 용이한 광물자원이다. 반면에 희유금속은 개발 품위가 하향 조절될 경우에도 개발 가능한 매장량이 소폭만 증가하여 수급 불안정이 예상되는 광물자원이다.

국가 안보 및 생존 관점에서, 광물자원의 안정적 공급을 위한 자원 확보 정책은 원료 물질의 자원 순환 과정에 대한 정확한 이해로부터 시작된다. 미래에 고갈될 가능성이 있는 자원의 공급 문제를 해결하기 위한 전략으로 (1) 미개발 지역을 대상으로 한 적극적인 탐사 개발, (2) 자원 순환 과정에서 폐기물의 재활용, 그리고 (3) 대체 재료의 기술 개발을 통해 부족한 원료 물질을 대체하는 방안을 강구할 수 있다.

자연에서 채굴된 광물자원은 선광·제련 과정을 거쳐서 각종 산업의 원료 소재로 제품화되고 산업적으로 사용된 이후 폐기된다. 재활용 대상은 폐기 제품뿐만 아니라 제련·제조 과정에서 발생하는 광미 및 기타 폐기물도 재생 원료로 회수되어 자원 순환 과정을 거치게 된다.

특히, 최근 중국이 세계 광물자원 시장에서 독점적 지배권을 갖고 있는 희토류(REE) 원소의 경우 원료 물질의 공급 구조에서 심각한 문제가 발생하고 있으며, 이를 타개하기 위한 기본 정책으로 광물자원의 탐사 개발, 3R(reduce, reuse, recycle) 프로그램 및 대체 물질 개발과 같은 다각적인 대책 방안이 제시되고 있다. 특히, 이에 대한 대처 방안으로 단기·중기·장기적 공급 장애 요인을 구분하여 각 단계별 체계적인 전략적 대책 방안을 준비할 필요가 있다. 그 방안은 다음과 같다.

① 단기적 공급량 부족: 희유금속의 경우 단기 대책으로 비축 물량을 확보해 일시적 공급 장애가 발생하면 효과적으로 대응.

② 중기적 공급량 부족: 10년 정도 기간을 두고 해외 탐광 및 개발

촉진(자주 개발 광산 사업 확대), 3R 프로그램과 대체 물질 개발.

③ 장기적 공급량 부족: 수십 년 단위의 대책으로 육상 광물자원의 고갈에 대비해 심해저, 극한 지역 및 우주 광물자원 탐사를 통한 개발권 획득.

허철호

고려대학교 지질학과를 졸업하고 동 대학원에서 박사학위를 받았다. 1992년부터 전략광물자원연구센터 (한국과학재단 SRC), (주)삼탄 해외사업부 자원조사팀, 고려대학교 지구환경과학부 BK21사업단, 국립공원관리공단 국립공원연구원 등을 거쳐 2006년부터 한국지질자원연구원에서 근무하고 있으며, 고려대학교, 성신여자대학교, 충북대학교에서 '지질학개론', '지구환경과학개론', '광상학', '지구화학' 등의 강좌를 맡았다. 한국지질자원연구원 광물자원연구실장을 거쳐 현재 자원탐사개발연구센터 책임연구원 및 과학기술연합대학원대학교(UST) 광물·지하수자원학과 전임교원으로 재직하고 있다. 대한자원환경지질학회, 대한지질학회, 한국광물학회, 한국사진지리학회에서 총무이사, 재무이사, 국제협력이사, 기획이사, 사업이사, 편집위원장, 전문위원 등을 역임했다.

거주 공간 제공처로서의 토지

박지영 뉴욕주립 버펄로 대학교 교수

거주 공간으로서의 땅과 도시 성장

1차 산업혁명과 2차 산업혁명은 제조업의 발전을 바탕으로 생산 비용의 최소화와 동일 재화에 대한 대량 소비를 가능하게 하였고, 나아가 개인의 효용 극대화 추구를 뒷받침하였다. 생산 자원과 생산 요소가 지역적으로 불균형하게 분포되어 있기 때문에, 제조업 기반의 산업혁명은 대량 생산과 생산성 향상을 위해서 특정 공간에 노동과 자본을 집중시키고 재화의 운송비용을 최소화하는 방향으로 도시 공간을 구축하는 과정을 동반한다. 제조업 중심의 산업 구조화는 일자리를 중심으로 한 특정 공간의 도시화를 촉진시키는 것과 동시에 각 도시를 연결하는 교통 네트워크를 성장시켰다. 그러나 도시화에 포함되지 못한 주변 지역의 역할은 도시를 위한 다양한 자원 공급처에 그치게 되면서, 도시 지역과 비도시 지역 간 공간 분리 현상이 나타난다. 자본과 노동의 도시 집

[그림 1] 도시와 비도시간 효용 격차와 이주 간 상관관계

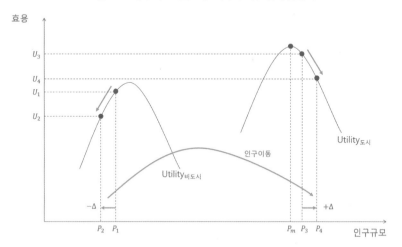

중은 기반시설 및 서비스의 생산성과 질(quality)을 향상시키면서 동시에 도시 거주 인구를 급속도로 확장시켜, 도시와 비도시 간 효용 간극을 더욱 넓히게 된다.

[그림 1]은 도시-비도시 간 효용의 차이와 이에 따른 인구 이동의 경향을 보여주고 있다. 개인이 이주를 선택하는 데는 일자리뿐 아니라 특정 지역에 정착함으로써 얻는 교육, 사회문화, 주거 환경적 혜택 등 다양한 요소가 영향을 미친다. 제조업 중심의 산업 고도화에 의해 도시의 효용으로부터 누릴 수 있는 혜택이 비도시에 비해 많아졌다. 이는 도시가 개인들 이주 유인을 제공했다는 뜻이다. 그 결과 도시의 인구는 지속적으로 성장했다.

도시가 성장하면서 지가 상승, 높은 범죄율, 쓰레기 문제 및 환경오

염 같은 문제기 발생했음에도 불구히고, 이미 방대해진 도시의 인구 규모는 도시 거주민의 편익 향상을 위해 다양한 기술 진보 및 혁신을 위한 지속적 투자로 이어지고 있다. 이로 인해 지금까지도 도시 지역은 비도시 지역에 비해 경제 및 사회문화적으로 우월한 삶을 누릴 수 있는 혜택을 제공받고 있다. 반면 비도시 지역은 제조업 중심의 노동력 공급 측면에서 상대적으로 열위에 있게 되어, 지역 경쟁력이 약화에 따른 정주 공간으로서의 매력을 점차 잃게 되었다. 이러한 이유로 도시와 비도시 간 인구의 불균등이 심화되면서, 도시-비도시의 공간 구조 불균형 성장 역시 심화되어왔다.

우리나라의 도시는 산업혁명을 통한 생산비용 최소화와 효용의 극대화를 기반으로 점진적으로 발전한 서구의 도시와 달리 정부의 발전 전략에 따른 압축 성장에 의해 형성됐다. 1960~1970년대에 추진되기 시작한 성장 거점 개발 방식의 국토종합개발계획은 지역 불균형 발전의 시발점이 됐다. 성장 거점 개발 방식은 도시 집중 성장을 통해 축적된 특정 지역의 재화 가치를 주변 지역 및 비도시 지역에 확산시켜 단기간에 국가 전체의 효용성을 증대시킨다는 전략에서 비롯되었다. 그러나 당초 의도와는 다르게 도시의 급격한 효용 증가가 비도시 지역의 인구를 도시 지역으로 빠르게 유출시키는 요인으로 작용하면서 도시-비도시 간 공간적 불균형이 급속도로 심화되는 결과를 낳았다. [그림 2]는 이와 관련해 도시-비도시간 생산과 소비 관계가 고착화된 현상을 보여주고 있다.

[그림 2] 도시와 비도시의 혜택과 비용

[그림 3] 도시와 비도시 지역의 삶의 모습에 대한 사진

[그림 3]이 보여주듯 서울을 비롯한 우리나라의 대도시에서는 초과밀화로 인한 정주 공간 부족과 이에 따른 지가 상승, 주거 과밀화, 주택 노후화 현상이 나타나고 있다. 공간의 초밀집화는 주차 공간 부족과 극심한 교통 체증, 환경오염을 유발한다. 반면 농촌 등 비도시 지역의 경우 급격한 인구 감소와 도시-비도시 간 소득 격차 심화, 다양한 기반시설의 부족 등에 따른 지속적인 인구 유출을 경험하고 있다. 결국 도

시-비도시의 정주 공간은 전혀 다른 방향으로 구조화되고 있으며, 공간 개발과 활용 역시 도시 정주 공간 중심의 일방적인 형태로 이루어져 비도시 지역의 특색은 사라지고 모든 도시가 일률적인 공간의 형태로 변하고 있다. 또한 비도시 지역은 도시 지역에 식량 및 자원을 조달하는 단순한 자원 생산·공급처로 전락했을 뿐, 도시의 다양한 어메니티(amenity)를 공유하지는 못한다.

수직적 도시 확산과 지가 상승

생산성에 기반한 도시 성장 이론은 인구 증가와 밀접한 관련을 가진다. 도시가 기반시설 투자를 통해 제공하는 우수한 의료, 교육, 문화적 편익은 지속적인 인구 유입을 낳고 있다. 거주민이 늘면 또 이들의 편의를 위한 도시 관리와 시설 투자가 이루어진다. 이런 선순환적 구조가 구축되면서 도시 인구의 지속적 유입에 따른 도시 성장 및 확장이 이어진다.

지금까지의 도시 확산 억제 정책은 인구 증가에 따른 수평적 도시 확산(urban sprawl)에 초점을 맞추어, 그린벨트의 도입 등으로 설계됐다. 이런 정책은 도시 내 시설에 대한 규모의 경제를 달성하기 위함이었지만, 역설적이게도 한정된 도시 공간으로 인해 공간 내 인구밀도가 증가해왔다. 한정된 도시 공간에서의 도시 인구의 지속적 성장은 기술 혁신을 통한 수직적 도시 확산(vertical urban sprawl)을 이끌었고, 이로 인한 도시 인구 과밀화는 심화되고 있다.

수직적 도시 확산에 따라 도시 공간이 제공하는 다양한 서비스의

[그림 4] 전국 및 서울의 아파트 매매 가격 지수 변화(1986. 1~2017. 8)
(출처: 월간 KB 주택가격동향 시계열, 2015. 12=100)

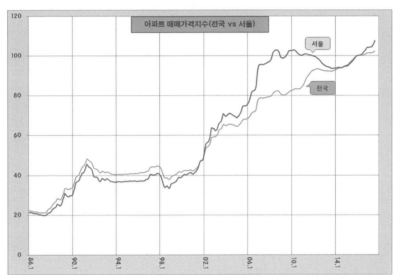

평균 비용은 일정 인구 수준까지는 감소되지만, 이와 동시에 인구 과밀화의 심화로 인한 도시서비스의 한계 비용도 지속적으로 증가하기 때문에 특정 인구 수준 이상에서는 평균 도시서비스 비용이 증가하게 된다.

도시서비스 비용을 증가시키는 중요한 요소 중 하나는 거주 비용 상승을 유발하는 지가 혹은 부동산 가격의 상승이다. [그림 4]가 보여주듯 전국 지가는 꾸준히 상승해왔다. 특히 2015년 기준 서울의 아파트 가격 지수는 1990년대 초, 1998년 그리고 2008년 말 이후를 제외하고는 항상 가파른 상승세였다. 세 차례의 가격 하락은 신도시 건설과 IMF 외환위기, 그리고 미국발 글로벌 금융위기에 의한 것이었다. 부동산 가격을 완화하기 위한 부동산 공급 증가 정책은 도시의 확장으로 이어지고, 이에 따른 초과 인구 유입은 도시 비대화와 과밀화를 촉진시킨다. 결국 지가는 지속적으로 상승하고 전체적인 도시 순효용은 감소하게 된다.

대도시 인구 증가의 불가역성: 대도불망(大都不亡)

문제는 도시 규모가 제공 가능한 최대 순효용(maximum net benefit)을 넘어 비대해져 있는 경우이다. 이러한 대도시들에서는 도시 순효용의 감소로 인해 인구가 줄어들게 되면 오히려 도시 순효용이 증가하는 역설적 현상이 벌어진다. 기존의 대도시 정주 공간을 떠나는 이는 도시 순효용이 더 높은 도시로 가지 않는 한, 다른 지역에서 더 낮은 도시 순효용을 경험하게 된다. 이때, 기존 도시는 인구가 유출되면서 다시 보다 높은 도시 순효용을 제공하게 되어 인구를 유인하게 된다. 이처럼 대도시는 인구가 줄어들 경우 높은 순효용을 제공할 것이 기대되기 때문에, 기존 대도시 거주민은 그 도시에서 가능한 한 떠나지 않으며 이들이 떠날 경우 빈자리는 낮은 순효용을 경험하던 다른 지역의 거주민으로 바로 대체된다. 이러한 과정을 겪으며 대도시의 기존 인구는 감소하지 않고, 대도시의 세금은 거주민 삶의 질 개선을 위해 도시 기반 및 편의시설에 쓰이게 되어, 개선된 대도시의 거주 환경은 대도시 인구 규모를 지속적으로 증가시키게 된다. 일종의 인구 증가 불가역성 현상이 나타나는 것이다. 따라서 서울 같은 대도시는 결코 사라지지 않는다. 대도불망(大都不亡)이다.

　　우리나라의 경우 현재 서울을 대체할 만한 도시나 지역 공간이 없는 상황이다. 특히 경기도와 인천광역시는 공공 교통수단 및 도로의 네트워크가 서울과 긴밀하게 연결되어 있어서 저렴한 대중교통 비용으로 2시간 내에 서울을 왕복할 수 있다. 공간 네트워크의 고밀도화로 인해 서울을 중심으로 인천광역시와 경기도를 아우르는 범위로 공간 권역이 확장됐다. 게다가 고속철도와 비행기를 이용하면 전국의 대부분 지역이 3시간 내에 접근 가능하다. 현재에는 서울이 가장 높은 도시순효용을 제공하고 있다는 점, 그리고 대도불망 경향에 기초해보면 국토의 상당 인구가 가능한 한 서울을 주 거주지로 삼는 현상은 더욱 고착화될 것이다. 이런 전망에 따를 경우, 결국 서울 및 서울 대도심의 부동산 가격은 지속적으로 상승할 수밖에 없게 하는 공간 구조적 문제가 존치하며, 향후에도 여전히 해결하기 어려운 상태로 남아 있을 것임을 시사한다.

　　서울이 제공하는 도시 순효용을 고려하면 현재 서울을 비롯한 대도시의 아파트 가격을 안정화시키기 위한 공급 측면의 부동산 억제 정책은 필연적으로 실패로 귀결된다. 반면, 세금 정책이나 정부 주요 기관의 지방 이동을 통한 부동산 수요 억제 및 서울권 인구 감소 정책은 인구 이동과 효용적 변화를 유발하는 정책이기에 효과를 거둘 것으로 기대된다. 다만, 전국이 일일 생활권인 현 상황에서 거주지 변화를 통한 효용 극대화 달성의 정책적 유효성이 줄어들기 때문에, 다양한 수요 감소 정책이 어느 정도로 효율적일지가 의문이다. 결국 순효용 측면에서 접근할 때 정책의 성패를 가늠할 중요 고려 사항은 비서울 혹은 비도시권에서의 삶이 주는 효용이 서울이나 도시권과 비슷한 수준이 될 수 있는가에 있으며, 이러한 조건에 부합하여야 개인의 거주 선택과 관련한 수요 억제 정책이 유효할 수 있다는 점이다.

따라서 급격한 인구 감소가 예상되는 시점에 지방 재생(local revitalization) 운동을 통한 지방의 장기적 발전 방향에 대한 정책적 모색이 필수적이다. 이러한 맥락에서 미시적 차원에서는 실물 자산에 대한 과도한 개인 수요를 억제하는 다양한 정책 제안이 유효하다. 또한 거시적 차원에서는 서울 또는 대도시권의 토지세를 비도시권에 이전 가능하게 하는 등 세제 이동의 유연화, 지역 발전을 위한 지방자치단체 간 다양한 협력 정책, 지방에 진보된 과학기술 도입 등 미래 지향적이고 상생적인 지방 발전 전략을 마련할 필요가 있다.

4차 산업혁명과 미래 공간 활용[1]

1960년대 말부터 시작된 IT기술 기반의 3차 산업혁명 이후 제조 업을 중심으로 하는 과거 산업 구조와 공간적 입지의 물리적 한계는 모 든 정보의 디지털화(digital transformation)로 요약되는 4차 산업혁 명을 통해 크게 줄어들 수 있게 됐다. 인공지능을 통해 제조업이 혁신되 고, 빅데이터 같은 방대한 자료의 생산과 소비 및 전달이 디지털화되는 미래에는 서비스업 중심으로 산업구조가 개편될 것이 기대된다. 특히 제조업의 경우 3D프린팅, 무인 자동차, 드론 배송, 인공지능과 스마트

---

1 4차 산업혁명과 미래 국토 공간 활용에 대한 보다 자세한 내용은 박지영 외 (2017), 「4차 산업혁명과 도-농 공간구조 변화에 대한 탐색적 접근: 공간적 정의의 관점에서」, 『한국지방행정학보』 14(3), 71~94쪽을 참조하기 바란다.

팩토리 등을 통해 전통적으로 중요한 입지 요소였던 원자재 및 원료 중심지나 소비지 중심에서 벗어나는 공간 입지의 무차별성을 확보할 것으로 보인다. 이에 따라 데이터 전송과 전달의 안정성과 속도를 확보하는 지역 전략이 중요한 입지적 요소가 될 것으로 예상된다. 더욱이 4차 산업혁명을 통한 막대한 정보의 흐름이 도시에만 집중될 경우 정보의 지역 간 격차는 지금보다 더욱 심화할 가능성이 높다. 따라서 정보 흐름에서 배제되는 지역이 존재하지 않도록 지방 중심의 소규모 정보 인프라 보급 체계를 구축하고, 지역이 신기술에 원활하게 접근할 수 있도록 신기술 활용에 대한 평생교육 시스템을 전국에 보급하는 것이 필수적이다.

과거 거주 공간으로서의 토지 가치는 직업, 교육 그리고 의료서비스와 같은 다양한 도시서비스 가치의 편익에 기초하였다. 그러나 4차 산업혁명을 통한 다양한 신기술들에 의해 교육 및 의료서비스 편익의 입지 의존성과 생산 및 소비의 물리적 입지에 대한 접근성에 대한 요구는 약해질 것이다. 또한 개개인이 직업과 거주의 공간적 입지를 선택할 때도 물리적 제약에서 벗어날 가능성이 높다. 따라서 미래에는 전통적으로 중요하게 인식되었던 다양한 도시서비스의 가치 이외에 자연과 어우러져 신선하고 안전한 식량과 깨끗한 환경을 누리는 가치가 보다 중요하게 여겨질 가능성이 높다. 특히 인구 감소가 현실화되고 있는 시점에 기존의 개발 논리를 넘어 국토 공간의 균형적 발전을 고려하는 지역 발전 방향성은 필수적이고, 이를 가능하게 하는 거주 공간의 연결망을 4차 산업혁명에 의한 신기술을 활용해 구상할 수 있는 거시적 국토

계획이 시급히 논의되어야 한다.

지금까지의 논의를 바탕으로 거주 공간 제공처로서의 토지에 대한 향후 공간 및 국토 발전 전략은 다음과 같이 정리할 수 있다.

첫째, 특정 도시에 국한된 성장 중심형 전략이 아니라 모든 국토 공간에 무인 자동화 및 물류 흐름의 결절점 기능을 할 소규모 정보 인프라 시설을 확충하고, 이를 중심으로 원활한 소통을 가능하게 하는 발전 방향을 제안해야 한다.

둘째, 전국의 통합 관제 시스템은 다차원적 형태로 구성되어 소규모 지방 중심지를 기반으로 교통, 방재, 공공서비스 등이 지역 내에서 효율적으로 작동될 수 있도록 체계화해야 한다.

셋째, 신기술의 적용과 빅데이터를 활용한 공간의 신연결망 구축 및 이와 관련한 투자를 지대가 저렴하고 휴양 가치가 보다 높은 지방에 집중해야 한다. 서울 등 대도시 인구를 지방으로 유도하여 정보 격차가 존재하지 않거나 최소화되게 정부 및 기업의 투자가 이루어지도록 장려해야 한다. 4차 산업혁명에 기반한 다양한 신기술이 지방에 우선적으로 확충되는 방향으로 국토 균형 신연결망의 인프라 구축 전략을 설계하여 지방으로 이주하는 인구가 신기술을 활용하며 사는 데 불편함이 없도록 정주 공간을 정비해야 한다.

박지영

서울대학교 농경제사회학부를 졸업하고 미국 남가주 대학교(University of Southern California)에서
계획학 박사학위를 받았다. 현재 뉴욕주립 버펄로 대학교 도시 및 지역계획학과 정년보장 부교수이며, 서
울대학교 농경제사회학부 겸임부교수로 재직 중이다. 주요 연구 분야는 미래산업구조변화, 4차산업혁명의
신기술과 공간적 변화, 지역경제 및 재난경제, 도시경제모형, 응용계량경제분석 등이다. 현재 지역연구,
지역개발연구학회지, 그리고 *International Journal of Urban Sciences*의 편집위원으로 활동 중이며, 과
학기술혁신학회 산업혁신위원회 운영이사, 한국지역학회 이사로서 국가과학기술연구회 비상임자문위원으
로 활동하였다. 주요 저서로는 『공간계량응용모형』, 『로짓프라빗 모형응용』, *National Economic Impact
Analysis of Terrorist and Natural Disasters*, *Regional Economic Impacts of Terrorist Attacks*,
*Natural Disasters and Metropolitan Policies*가 있고, 최근까지 지역 관련 50편 이상의 학술논문을 출간
하였으며, 이 중 22편의 SSCI급 논문을 포함해 40편 이상의 영어 논문을 출간하였다.

[오염물 해결처로서의 토양]
-
박현 국립산림과학원 산림생명자원연구부장

지구의 간(肝), 토양

앞에서는 토지가 다양한 모습으로 생산(生産) 및 생활(生活)의 토
대 역할을 한다는 것을 살펴보았다. 그런데 이러한 활동에 의해 만들어
지는 각종 산물은 영속적이지 못하고 일정한 수명을 다하면 그 기능을
더 이상 하지 못하게 되므로 버려지게 된다. 특히 생활하는 과정에서의
산물은 문제가 생기는 경우에 오염물질로 취급되면서 눈에 띄지 않는
곳으로 옮겨지게 되는데, 이러한 쓰레기나 오염물질을 받아주는 곳 또
한 토지(토양)다.

쓰레기는 인류가 삶을 영위하기 위하여 오랜 기간 동안 지구에 배출
해온 물질로 생활폐기물과 산업폐기물, 각종 슬러지 등으로 구분한다.
사람을 포함한 동식물의 사체(死體)도 생활공간에 그냥 놓아둘 경우 각

종 병해충 발생의 온상이 되므로 토양에 매장하는 방식으로 처리된다. 흑사병 등 인류에게 닥친 대규모 전염병이나 조류독감, 구제역 같은 가축 전염병을 해결하기 위해 사용한 방식도 토양에 매립하는 것이었다.

도시화가 심화되기 전까지는 지구의 자정 능력 덕분에 쓰레기 문제가 그리 심각하지 않았다. 하지만 인구가 증가함에 따라 쓰레기 방출량이 대단히 많아지면서 지구의 자정 능력은 한계에 부딪혔고, 인류는 그제야 지구의 자정 능력에 대해 제대로 인식하기 시작하였다. 특히, 지구의 자정 능력 중심에 토양이 있음을 깨닫게 되었다. 식생활 등을 통해 배출되는 일반적인 생활폐기물은 유기물이 대부분이므로 토양 속 미생물의 먹이로 활용되고, 따라서 비교적 잘 분해되어 재순환된다. 그러나 플라스틱류와 같은 석유화합물이나 중금속 등의 오염물질은 쉽게 분해되지 않아 지구환경을 해치는 심각한 문제로 부각되고 있다.

최근에는 폐기물 처리처로 바다도 고려되지만, 해양 투기에 의해 해양 생물이 오염될 부작용을 염려해 소각(燒却)이나 재활용 등 다른 방법이 모색되고 있는 상황이다. 현 시점에서 경제적인 면을 고려하면 확보할 수 있는 공간 범주 내에서 토양에 매립하는 것이 가장 효율적이라고 간주된다. 즉, 인간 활동의 부산물로 발생하는 각종 쓰레기와 오염물질을 해소할 수 있는 최선의 방법이 토양을 활용하는 것이다. 몸에서 만들어지는 각종 독성물질을 해독하거나 소화 촉진을 위한 효소를 분비해 신진대사를 돕는 간(肝)처럼, 토양은 지구 생태계에서 인류를 비롯한 각종 생물을 위하여 간의 역할을 하고 있다.

매립(埋立), 폐기물 격리를 위한 가장 쉬운 선택

폐기물 처리 방법으로 가장 쉽게 고려할 수 있는 것은 원래 있던 공간에서 다른 곳으로 옮겨서 눈에 띄지 않게 하는 방법이다. 즉, 물리적으로 격리하는 방법인데, 이 중 가장 널리 활용되고 있는 방법이 매립(埋立)이다. 매립은 현재로서는 비재활용품에 대한 처리법 중 가장 값싼 방식이며, 유기성분을 지닌 폐기물을 제대로 처리할 경우에는 매탄가스(CH_4) 등 쓰레기에서 방출되는 성분을 연료로 활용할 수도 있다. 하지만, 제대로 처리되지 않을 경우에는 질소산화물, 중금속 등으로 지하수를 오염시킬 가능성이 있으며, 쓰레기에서 방출되는 가스가 대기오염을 유발하거나 악취로 인한 불편을 초래할 수도 있다. 또한 부숙(腐熟)이 진행됨에 따라 매립지가 점차 가라앉는 불안정성을 해결해야 하고, 매립 과정에서 경관을 해쳐 일반인들이 부정적인 인식을 갖는다는 점 등 때문에 매립지 확보가 어렵다는 문제가 있다.

매립 방식은 '무처리 매립 방식'([도표 1])과 '보호 매립 방식'([도표 2])으로 크게 구분할 수 있는데, 과거에는 토양의 기능이나 환경오

[도표 1] 무처리 매립 방식(sanitary landfill)

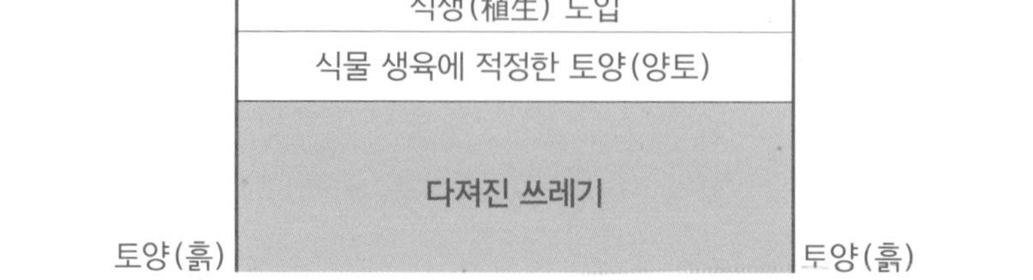

[도표 2] 보호 매립 방식(secure landfill)

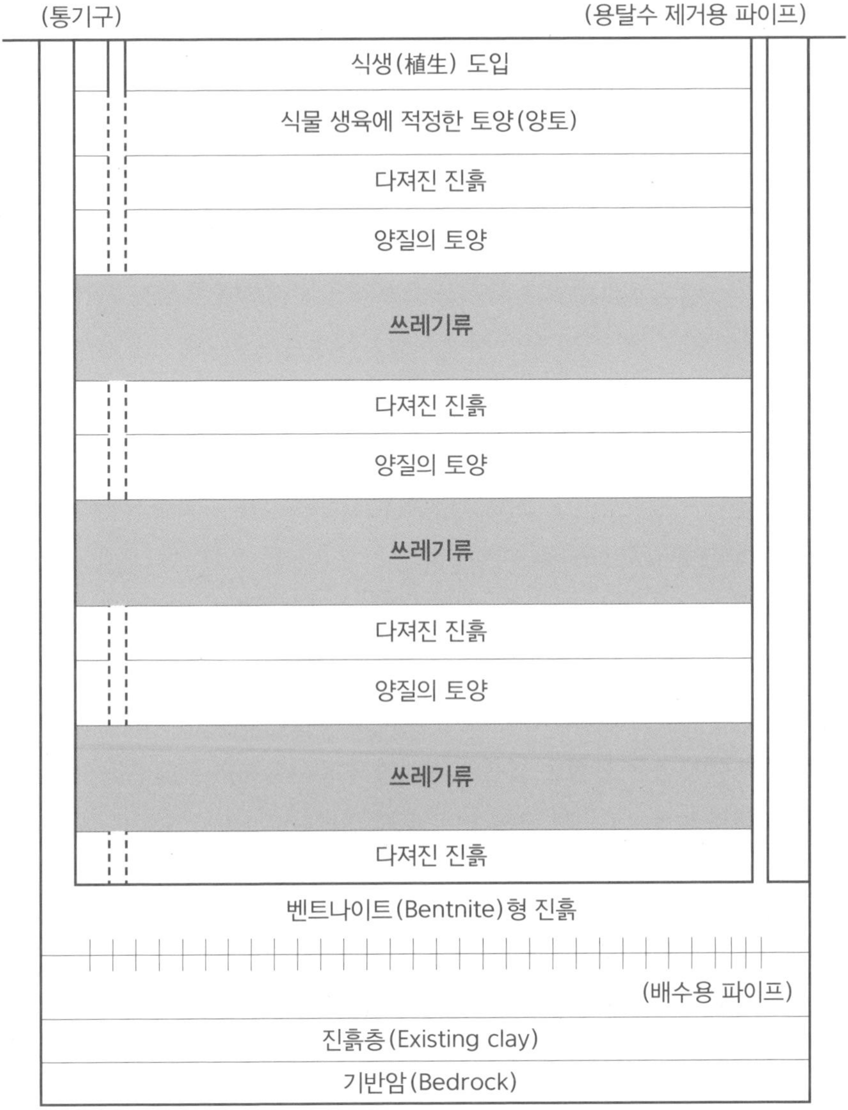

(통기구)　　　　　　　　　　　　　　　　(용탈수 제거용 파이프)

식생(植生) 도입
식물 생육에 적정한 토양(양토)
다져진 진흙
양질의 토양
쓰레기류
다져진 진흙
양질의 토양
쓰레기류
다져진 진흙
양질의 토양
쓰레기류
다져진 진흙

벤트나이트(Bentnite)형 진흙

(배수용 파이프)

진흙층(Existing clay)

기반암(Bedrock)

염에 대한 인식이 부족하여 일정한 공간을 확보해 쓰레기를 무조건 투입하고 흙을 덮는 '무처리 매립 방식'을 사용하였지만, 최근에는 각종 부작용을 방지할 수 있도록 '보호 매립 방식'으로 매립지를 운영하고 있다. 쓰레기의 양이 그리 많지 않은 경우에는 특별한 처리가 없이 흙 속에 폐기하여도 자정 능력을 지닌 토양에 의하여 적절하게 분해되므로 문제가 발생하지 않는다. 하지만, 허용 용량을 초과하는 쓰레기가 투입될 경우에는 과부하가 걸리게 되므로 쓰레기가 제대로 분해되지 않거나, 분해 과정에서 물리화학적인 여건의 변화가 발생하므로 부작용을 야기하게 된다. 서울의 난지도가 대표적인 사례라고 할 수 있는데, 다져진 쓰레기와 토양을 적절한 비율로 섞어주지 않고 지나치게 많은 양의 쓰레기를 투입하는 바람에 용출수와 악취, 매탄가스 등이 과도하게 방출되어 사회적인 문제가 되기도 했다.

반면, 보호 매립 방식에 의하여 매립 처리가 제대로 진행된 경우에는 쓰레기가 제대로 부숙되고 분해되면서 쓰레기 매립지를 공원으로 재탄생시킬 수 있는데, 대구수목원이 그 대표적인 예이다. 대구수목원은 우리나라에서 최초로 쓰레기 매립장을 수목원으로 조성한 곳으로 1986년부터 1990년까지 약 410만 톤의 생활쓰레기를 매립한 후 방치했던 지역이다. 대구광역시에서는 1996년부터 2002년까지 평균 6~7m의 흙을 복토(覆土)한 후에 수목원으로 조성하여 시민의 휴식 공간이면서 환경 친화적인 폐기물 처리의 교육 공간으로 활용하고 있다.

이처럼 쓰레기 매립지로 활용하기 위해서는 자정 능력의 허용 용량(carrying capacity)을 고려한 운영이 필수적이다. 지하수의 오염을 막을 수 있도록 맨 아래쪽 기반암 위에 진흙층이 존재하고 있는 곳을 골라, 그 위에 고운 흙을 다져 넣어야 하며 침출수를 배출할 수 있는 시설을 갖추는 것이 바람직하다. 이후 자정 능력의 핵심 요소인 토양 미생물이 활동할 수 있는 조건을 갖춘 토양을 쓰레기 중간에 넣어주어서 분해 활동이 제대로 진행될 수 있도록 하는 것이 중요하다.

토양 미생물, 생물학적 재순환계의 핵심

토양이 각종 폐기물을 분해할 수 있는 것은 그 속에 분해자 역할을 하는 각종 미생물이 존재하기 때문이다. 앞서 「식량 생산기지 토양」에서 언급되었던 것처럼 토양에는 절지동물을 비롯한 미소동물(微小動物)들과 세균, 곰팡이, 방선균 등 맨눈으로 보기 어려운 미생물이 살고 있으며, 각종 폐기물의 분해를 돕고 있다. 이들은 사실 지구 환경의 보호를 위해서라기보다는 자신들의 에너지원과 육체의 형성을 위하여 탄소를 비롯한 각종 원소를 분해하여 흡수하는 일을 한다. 따라서 각종 미생물이 흙 속에서 활발하게 증식하기 위해서는 좋은 환경(온도, 수분, 공기, 페하[pH] 등)과 좋은 먹이가 필요하다. 대부분의 미생물은 충분한 수분과 산소를 요구하며, 복잡한 화합물보다는 단순한 화합물을 선호한다. 식물이나 동물 사체와 같은 유기질 폐기물은 대부분의 미생물이 좋아하는 먹잇감이지만, 플라스틱과 같은 석유화합물이나 페놀 성분을 지닌 합성 농약과 같은 다양한 난분해성 물질은 특정한 미생물을 제외하고는 별로 관심을 갖지 않는 먹잇감이다. 즉, 썩기 쉬운 폐기물이란 대체로 토양 속의 미생물이 적극적으로 달라붙어 분해하는 물질이고 썩는 데 오랜 시간이 필요한 폐기물은 토양 내에 그 물질을 분해할 수 있는 전문가가 적다는 것을 의미한다.

더욱 신기한 것은 이러한 폐기물의 분해와 재순환에 관여하는 토양 생물들이 스스로 역할을 배분하며 조화를 이루고 있다는 사실이다. 절지동물을 비롯한 작은 동물들이 씹는 과정을 통해 큰 폐기물을 작은 크기로 만들고, 이후에 곰팡이류가 주축이 되어 당류(糖類)와 같은 간단한 형태의 화합물을 분리시킨다. 그러한 과정을 통해 남은 화합물은 세균이 중심이 된 산화 환원반응 등을 통하여 더 작은 무기화합물로 분해되며, 이렇게 분해된 이온 형태의 무기물은 물에 녹아 다시 식물에게 흡수되어 지상 생태계로 다시 나설 수 있게 된다. 즉, 토양 생태계에서 재순환을 이루는 과정에서 끊임없이 '생물상(生物相) 천이(遷移)' 현상이 일어나고 있으며, 협업의 아름다운 성과가 만들어진다. 하지만 토양 생물이 생활하기 곤란한 여건이 조성되면, 미생물상 천이가 중단되거나 지연되어 정화 능력이 떨어진 토양 생태계로 전락하게 된다.

토양 오염

토양 생태계의 완충 능력(緩衝能力) 및 자정 능력(自淨能力), 궁극적으로는 재순환계(再循環系)의 기능이 저하되는 현상이 발생하는 것을 토양 오염이라고 한다. 구체적으로 설명하면, 지하에 존재하던 암석의 무기 성분이 지표면에 과다하게 쌓이거나 농약, 비료, 유기염소계 화합물, 알킬수산화물 등 자연계에 거의 존재하지 않는 합성 유기물의 축적 등으로 인해 토양의 재순환계 기능이 저하 또는 상실되는 현상을 토양 오염이라고 한다.

　토양 오염 문제는 토지 생산성을 높이기 위하여 노력하던 농업 부문에서 가장 먼저 인식되었다. 질소, 인산 등 비료질의 과다에 따른 지표수 및 지하수 오염, 자연계에 존재하지 않던 농약 성분의 출현, 양계 등 시설 축산을 통해 방출되는 고농도의 분뇨(糞尿)의 단기 축적에 따른 오염이 토양의 완충 능력을 초과하면서 재순환계의 기능이 약화되거나 상실되는 수준에 이르게 됨을 깨닫게 되었다. 「식량 생산기지 토양」에서 언급된 청색증(methemoglobinemia; 메트헤모글로빈혈증)은 1950년대 초에 미국에서 발생한 대표적인 농업 오염 사례이다. 제2차 세계대전 이후 폭탄(TNT) 제조 공정에서 습득된 질소비료 생산 기술이 농업 부문에 적용되면서 미국 대륙의 농촌에 질소비료를 대량으로 공급할 수 있었는데, 농촌 지역에서 영아(嬰兒)들이 입술이 파래지면서 사망하는 빈도가 높아졌다. 청색증은 유전적인 장애나 질산염 과다 섭취가 원인인데, 역학조사 결과 지하수에 분유를 녹여 먹인 젖먹이 아이들에게서 이러한 증상이 주로 나타났다. 위(胃) 주머니가 제대로 형성되지 않은 6개월 미만 영아들의 위에 질산염을 이용하는 세균이 번식하면서 혈색소의 철분을 산화시켜 혈색소가 산소와 정상적으로 결합하는 것을 막아서 발생한 것이다. 청정 지역이라고 생각했던 농촌에서 지하수 관리가 제대로 되지 않아 사망을 초래하는 사태가 벌어진 것은 토양 오염 문제의 심각성을 깨닫게 하는 중요한 계기가 되었다. 아울러, 농약은 대체로 인공적으로 합성된 유기화합물로 생물체와는 무관한 비생체 성분(非生體成分; xenobiotics)을 많이 포함하고 있는데, 이들 성분은 사람을 비롯한 생물체에 미량만 흡수되어도 각종 비타민, 지방질 대사에 큰 영향을 준다. 비생체 성분은 자연계에 존재하지 않던 성분이므로 일반적인 토양 생태계의 토양 미생물이 잘 분해하지 못해서 토양에 축적되고 궁극적으로는 작물과 가축에 전이되어 식품에 문제를 일으키기도 한다. 적정량의 비료와 농약 사용, 토양 내 양분 및 각종 이온 관리를 위한 모니터링 등을 통해 농지 토양을 제대로 관리해야만 한다.

도시화가 진전되면서 토양 오염의 양상이 다각화되어 왔는데, 생활쓰레기를 포함한 각종 폐기물의 지표면 또는 토양 내 축적으로 인해 토양이 오염되고 있다. 특히 심한 것은 공업 오염으로, 이는 산업 단지 내 제조업 공정에서 이용된 중금속 폐기물이 축적되거나 대기로 방출되었던 오염물질이 산성 강하물 형태로 다시 토양으로 축적되면서 야기되는 오염을 말한다. 중금속과 다양한 인공 합성물인 비생체성분(非生體成分)의 토양 내 유입은 토양 미생물의 활동을 저해하여 토양 생태계의 재순환계를 파괴한다. 주유소 주변 또는 폐주유소의 토양에 유입되거나 폐기물의 소각 과정을 통해 발생하여 다시 토양에 축적되는 물질이 앞서 농업 오염과 관련해 서술한 것처럼 지하수 오염 등을 통해 생태계에 영향을 주게 되므로 이에 대한 해결책을 요구하는 목소리가 높아지고 있다.

아울러, 답압(踏壓) 같은 인간의 간섭과 침식 등 자연 재해에 의한 물리적 특성의 변형도 간과할 수 없는 토양 오염의 한 형태이다. 도시민이 널리 활용하고 있는 도시 공원이나 도시 근교의 숲에서 흔히 볼 수 있는 산림 쇠퇴 현상은 비료 성분과 같은 토양의 화학적 성질이 악화된 경우보다는 토양 공극(孔隙)의 감소에 따른 배수 및 통기성 불량으로 야기된 경우가 훨씬 많다. 우리나라처럼 인구밀도가 높아 국토 면적에 비하여 토양을 이용하는 인구가 많은 상황에서 불가피하다고 할 수도 있겠지만, 토양 생태계가 정상적으로 기능을 하기 위해서는 이용 빈도를 줄여서라도 토양의 물리적 특성이 개선되도록 해야 한다. 국립공원 등에서 시행하고 있는 안식년제(휴식년제)는 좋은 방법 중 하나인데, 균형을 이루던 것이 깨어지고 급속도로 악화하는 급변점(急變點; tipping point)에 도달하기 전에 집중적인 이용을 줄이고 순환적 활용을 통해 지속가능성을 확보하는 것이 바람직하다.

오염된 토양의 처리와 치료

오염 정도에 따라 다르겠지만, 토양이 오염된 경우 이를 해결하기 위한 노력이 필요하다. 그렇다면 어떤 방법으로 오염된 토양을 치료할 수 있을까? 가장 먼저 생각할 수 있는 방법은 화학적 처리에 의한 안정화(stabilization)이다. 토양 오염원을 현지(現地; 현장)에서 화학약품 처리나 물리적 환경 변화를 통해 안정화시키는 방법으로, 침전법(precipitation)이나 접착법(cementing) 등이 있다. 오염물질이 더 이상 외부로 방출되지 않도록 하는 방법이라고 할 수 있는데, 장기적 효율성에 대하여는 의문이 제기되는 방법이며 처리 방식에 따라 비용이나 에너지가 많이 든다.

두 번째로 고려할 수 있는 방법은 굴취(excavation)하여 다른 곳으로 옮기는 방법이다. 오염 지역에서 토양을 파내어 다른 곳으로 옮겨

저장하는 방법인데, 오염물질의 농도를 희석하는 수단이 될 수 있으나 사실상 오염 문제를 완전히 해결하지는 못한다. 오염된 토양이 옮겨진 곳에서 다시 새로운 오염원으로 작용할 수 있기 때문이다. 따라서 오염물을 다른 곳으로 옮길 경우에는 토양의 자정 능력, 즉 허용되는 오염물 농도 범위 내에서 처리한다. 아울러 오염원을 제거한 곳에서도 오염물질을 옮긴 것에 그치지 않고, 당초의 토양 생태계 기능이 회복될 수 있도록 만드는 추가적 조치가 필요하다.

세 번째로 고려할 수 있는 방법은 소각(燒却; incineration)이다. 오염물질을 파내어 옮긴 후 고온(600~1,000℃)을 가하여 오염물질을 파괴하는 방식인데 주로 비생체성분(xenobiotics)의 제거를 위해 사용한다. 하지만, 일부 물질은 매우 높은 온도(예, PCB의 경우 1,400℃)에 도달해야 완전히 파괴되므로, 이 과정에는 많은 에너지가 필요하다. 별도의 시설을 갖추어야 하고, 처리 후 잔존물의 완전한 폐기를 위해서는 추가적 조치가 필요한 경우가 많다.

네 번째로 활용되는 방법은 토양을 굴취하여 산이나 알칼리 용액 등으로 처리하여 오염물질을 추출하는 방법이다. 일부 오염물질에는 효과적으로 작용하는 방법이지만 여러 종류의 오염물질이 섞여 있는 경우 다양한 용매를 사용해야 하고, 각각의 물질을 제대로 분리하기가 쉽지 않다. 특히 토양에 진흙 성분이 있어서 생기는 문제나 부식물 침전 등의 문제 때문에 실제로 이 방법을 적용하기가 쉽지 않으며, 추출 과정에서 사용한 다량의 용매를 다시 폐기해야 하는 문제가 내포되어 있다.

최근에 적극적으로 시도되고 있는 토양 오염 처리 방법은 토양 생태계의 고유 능력을 활용하는 생물학적 처리(bioremediation) 방식이다. 생물학적, 특히 미생물학적인 과정을 활용하여 원래의 토양 조건으로 자연스럽게 환원되도록 처리하는 방법인데, 오염지에 특화된 미생물군(群)을 투입하거나 추출된 오염액을 미생물 처리 후 다시 토양으로 돌려보내는 방식 등이 있다. 다른 처리 방법에 비하여 비용이나 에너지가 적게 드는 장점을 지닌 반면 오염원의 특성이나 오염지의 물리·화학 및 생물학적 영향을 심하게 받는 단점이 있다. 또한, 화학적인 처리와 달리 오염원을 완전히 제거하지 못하고 일정 수준 이하로 낮추는 결과를 얻게 되는데, 미생물의 복합체는 토양 생태계 내에서 서로 어우러질 수 있는 수준의 오염물질은 공존을 허용하기 때문이다. 이로 인하여 인간이 설정한 오염물질 제거 기준에 도달하지 못하는 경우가 대부분이다. 미국에서는 생물학적 처리 방법을 많이 시도했지만 미국 환경청(EPA)의 오염 토양 처리 기준을 통과한 사례는 많지 않다.

　　가장 이상적인 쓰레기 처리 방법은 재활용(recycling)이며, 토양 오염 해결 방식에서도 마찬가지라고 할 수 있다. 각종 폐수 처리 후에 남는 침전물은 오염물질이 섞인 진흙 같은 존재로 오니(汚泥) 또는 슬러지(sludge)라고 부른다. 오니는 그 속에 각종 유기물이나 질소 등 비료 성분을 지니고 있으므로 재활용이 가능하여 농업적으로 활용하는 방안이 강구되고 있다. 물론 오니도 가정 하수, 산업 폐수 등 종류에 따라 성분이 다르므로 일정 기준에 의해 선별적으로 활용되어야 한다. 앞서 굴취 방법에서 언급하였던 것처럼, 허용되는 오염물의 농도로 적절하게 희석하거나 부숙 과정을 통해 유해물질 성분을 제거한 후에 농지나 산지에 활용할 수 있다. 미국 위스콘신 주의 경우에는 하수 처리 후 발생한 오니를 적정한 처리를 통해 농지와 단기 순환 목재생산지 토양에 주입 (注入)하여 토지 생산성을 높이는 유기질 비료로 사용하고 있는데 소위 '검은 금'(black gold)으로 불리는 재활용 산업의 선두주자가 되고 있다.

지속가능성을 위한 토양 관리

진토(塵土)라는 표현이 있을 정도로 먼지와 같은 존재로 인식되고 있는 것이 흙이다. 하지만, 이들이 모여 집단을 이루고 있는 것이 토양 (土壤)이며, 눈에 보이지 않지만 3차원의 구조를 갖고 복잡한 생태계를 이루고 있는 곳이 토양이다. 물론 폐쇄된 생태계가 아니라 개방된 생태계이므로 지상 생태계와도 밀접한 관련을 갖고 있으며, 지상에 살고 있는 모든 생물에게 생명의 터전으로서의 귀한 역할을 묵묵히 담당하고 있는 존재이다. 그런데, 사람들은 토양의 기능을 제대로 인식하지 못해 주목하지 않고 있었으며, 오용(誤用)과 남용(濫用)으로 인하여 부작용이 발생한 이후에야 그 가치를 깨닫게 되었다.

인류가 지구에서 지속가능하도록 노력하자는 취지로 유엔에서 2015년에 새롭게 설정한 지속가능 발전 목표(Sustainable Development Goals) 중 15.3 항목은 육상 생태계의 지속가능한 관리에 대해 언급하고 있다. 이 항목에서는 토지의 황폐화를 막기 위한 노력, 토지 생산성 유지·관리에 초점을 맞추고 있는데, 사실 본 절에서 강조한 토양의 간(肝) 기능에 대한 언급은 미약하다. 앞서 살펴본 것처럼 토양은 식량을 공급하며, 거주 공간의 기초가 되고, 각종 자원의 공급처 역할을 한다는 면에서 중요하지만, 이번 절에서 살펴본 것처럼 지구 생물계의 지속가능성을 유지시켜주는 정화(淨化)와 순환(循環)의 주체라는 점이 더욱 중요하게 인식되어야 한다. 묵묵하게 자신의 삶에 충실한 다수의 국민에 기초하여 민주 사회가 운영되듯이 눈에 보이지 않는 토양 미생물의 엄청난 노력이 토양, 나아가 지구 생태계의 원활한 순환 체제의 원동력이라는 사실을 알 필요가 있다. 또한 이들의 기능이 상실되지 않도록, 이들이 제대로 역할을 할 수 있도록 적정한 범위를 초과하지 않는 일(부하)이 부과될 수 있도록 유의하여야 한다.

환경의 지속가능성은 현재 우리가 누리고 있는 혜택을 후손이 계속 누릴 수 있도록 우리의 편안함을 다소 희생하는 데에서 출발한다. 특히, 우리가 미처 깨닫지 못하고 있던 환경의 숨은 역할을 제대로 인식하고, 그 기능이 상실되지 않도록 적극적인 투자를 해나가는 것이 중요하다. 이를 위하여 과학자들은 생태계 내 각 구성원의 역할을 제대로 인식할 수 있도록 밝히는 연구를 해왔는데, 토양 생태계의 구성 요소와 역할, 이들의 임계점에 대한 연구는 다른 부문에 비하여 상대적으로 미약했던 것으로 보인다.

각종 생물 활동으로 인하여 생성된 오염물질을 제거하고 오히려 재활용이 가능한 상태로 바꾸어주는 역할을 하는 것이 토양이며 그 주체는 눈에 보이지 않는 다양한 토양 미생물임을 살펴보았다. 그런데, 이들은 우리가 밟고 다니는 아스팔트와 같은 딱딱하고 변화에 둔감한 무기 입자가 아니라 주변 여건에 영향을 받아 민감하게 반응하는 생물 집단이다. 따라서 지나친 간섭이나 압력에 의하여 다양성이 줄어들면서 지속가능성이 낮아지며 영원히 소생할 수 없는 경우도 발생하고 있다. 즉, 항상성(恒常性; homeostasis)을 유지할 수 없어서 결국 균형이 깨어지고 급속도로 악화하는 급변점에 도달하지 않도록 유의하여 관리하는 것이 매우 중요하다.

이를 위해서는 토양의 특성 변화에 대한 모니터링이 필수적으로 진행되어야 한다. 간단히는 토양의 물리적 특성 변화를 파악하기 위하여 토양밀도(bulk density)를 주기적으로 측정하며, 다소 비용이 들더라도 농업이나 공업 용도로 이용하는 토지의 화학적인 특성 변화를 주기적으로 조사하여 임계점을 넘지 않도록 관리하는 것이 필요하다. 각 부문별 모니터링을 위해서는 부처별로 전담 요원을 배치하고, 현장을 확인할 수 있도록 하는 것이 필요하다. 그런데 실제로 오염 문제가 발생했을 때는 개별 부처에서 해결하기 어려운 경우가 대부분이며 통합적인 관리가 요구된다. 원인을 파악하기 위하여 오염원을 찾고, 문제 해결을 위한 처방을 하기 위해서는 범부처의 협력 관계가 필수적이다.

지난 정부에서부터 협업을 강조해왔지만, 현실적으로 협업이 되지 않는 경우가 대부분임을 감안할 때 쉽지 않은 상황이다. 그러므로 '지속가능발전위원회'와 같은 통합 관리 위원회에서 토양에 대한 관리 필요성을 인식하고 이를 위한 전문가들의 협업 체제를 갖출 수 있도록 유도하는 것이 바람직하다. 토양은 지상 생태계와 밀접한 연관을 맺고 있는 또 다른 생태계이며, 눈에 보이는 다른 생태계가 그러하듯이 토양 생태계의 구성 요소도 무생물적인 요소뿐 아니라 생물 요소가 매우 중요한

역할을 하고 있는 민감한 집단임을 감안하여 종합적인 시각으로 관리
될 수 있기를 바란다.

참고문헌

고정식 (2012), 『자원용어사전』, 한국광물자원공사, 1087쪽.

김동주 등 (1997), 『푸른 행성: 지구환경과학개론』, 시그마프레스, 479쪽.

김수진 (1987), 『광물학원론』, 우성문화사, 610쪽.

문건주 (1999), 『광상성인론』, 대우학술총서, 692쪽.

이현구 등 (2007), 『한국의 광상』, 대우학술총서, 750쪽.

전용원 (1997), 『지구 자원과 환경』, 서울대학교출판부, 492쪽.

정창희 (1992), 『지질학개론(全訂版)』, 박영사, 642쪽.

조백현 등 (1985), 『삼정 토양학』, 향문사, 396쪽.

최선규 (2013), 『광상모델과 예측 탐사』, 시그마프레스, 247쪽.

최종문 (2017), 『국제 기준에서 바라본 북한 광물자원 평가와 개발 환경』, 싸이알, 224쪽.

야하타 도시오 (1989), 『신비롭고 고마운 토양권』, 전파과학사, 260쪽.

Barnes, H. L. (1979), *Geochemistry of Hydrothermal Ore Deposits*, John Wiley & Sons,
 p. 798.

Gilbert, J. M. and Park, C. F. (1986), *The Geology of Ore Deposits*, Waveland Press,
 p. 985.

Jensen, M. L. and Bateman, A. M. (1979), *Economic Mineral Deposits*, John Wiley & Sons,
 p. 593.

Misra, K. C. (2000), *Understanding Mineral Deposits*, Kluwer Academic Publishers, p. 845.

Robb, L. (2005), *Introduction to Ore-forming processes*, Blackwell Publishing, p. 373.

Thompson, G. R. and Turk, J. (1994), *Essentials of Modern Geology*, Saunders College
 Publishing, p. 407.

박현

서울대학교 산림자원학과를 졸업하고 동 대학원에서 석사학위를 받은 후 미국 위스콘신 주립대학교 토양학과에서 박사학위를 받았다. 1994년부터 국립산림과학원에서 연구직 공무원으로 근무하고 있으며, 서울대학교, 서울시립대학교, 국민대학교, 건국대학교 등에서 '숲과 인간', '환경오염론', '토양학', '토양미생물학' 등의 강좌를 맡았다. 산림청의 연구개발담당관, 국립산림과학원 바이오에너지연구과장, 연구기획과장, 기후변화연구센터장, 국제산림연구과장을 거쳐 현재 산림생명자원연구부장을 맡고 있다. 한국임학회, 한국바이오에너지학회, 한국기후변화학회, 한국균학회 등에서 총무이사, 학술위원장, 균학용어심의위원장 등을 역임했다. 『숲의 생태적 관리』, 『자연자원의 이해』, 『국가생존기술』 등의 저자로 참여하였다.